敬 松　刘秋琼　主编

昭苏玉乌原
野生药用植物图谱

全国百佳图书出版单位

中国中医药出版社

图书在版编目（CIP）数据

昭苏亚高原野生药用植物图谱/敬松，刘秋琼主编. —北京：中国中医药
出版社，2019.5
ISBN 978 - 7 - 5132 - 5198 - 3

Ⅰ. ①昭…　Ⅱ. ①敬…②刘…　Ⅲ. ①野生植物 - 药用植物 - 昭苏县 - 图谱
Ⅳ. ①Q949.95　64

中国版本图书馆 CIP 数据核字（2018）第 215341 号

中国中医药出版社出版
北京市朝阳区北三环东路 28 号易亨大厦 16 层
邮政编码　100013
传真　010 - 64405750
三河市同力彩印有限公司印刷
各地新华书店经销

开本 787 × 1092　1/16　印张 19　字数 455 千字
2019 年 5 月第 1 版　2019 年 5 月第 1 次印刷
书号　ISBN 978 - 7 - 5132 - 5198 - 3

定价　180.00 元
网址　www.cptcm.com

社 长 热 线　010 - 64405720
购 书 热 线　010 - 89535836
维 权 打 假　010 - 64405753

微信服务号　zgzyycbs
微商城网址　https://kdt.im/LIdUGr
官 方 微 博　http://e.weibo.com/cptcm
天猫旗舰店网址　https://zgzyycbs.tmall.com

如有印装质量问题请与本社出版部联系（010 - 64405510）

《昭苏亚高原野生药用植物图谱》编委会

敬松，1991年毕业于北京中医药大学中药系，副主任药师，在伊犁州药品检验所中药室工作。多年来先后从事中药研究、药用植物学教学、医院制剂生产及检验、中药材鉴别等多项工作，尤其擅长植物分类、中药材鉴别。曾获两项国家专利，1984年获伊犁州政府重大科技成果一等奖，1997年获科技进步二等奖，国家新闻出版局"优秀科技图书二等奖"，湖南省科学技术三等奖。1995年获得自治区卫生厅授予的"自治区优秀医学科技工作者"荣誉称号。1999年由伊犁州党委组织部审定为"1999～2002年伊犁州直拔尖人才"，2001年被伊犁州人事局评为州直"优秀专业技术工作者"，撰写发表二十多篇学术论文，多次出席全国及国际学术研讨会。参加《伊犁中草药手册》《中华人民共和国药典中药材外形组织粉末图解》《中国民族药炮制集成》《道地药材图典》等书的编写工作。2008年主编出版了《伊犁地产药材资源名录》。

刘秋琼，2011年毕业于湖南农业大学农业生态学专业，硕士研究生，农艺师，现为昭苏自治区农业科技园区管理委员会技术总工，主要研究领域为药用植物资源的保护、开发及利用和球根类花卉的种植。

　　昭苏地处祖国西北边陲，自然资源和历史文化交相辉映，是隐匿于大美伊犁深闺中的一块美玉。这里既有雄宏壮美的亚高原风光，又有夏塔古道千年峰回路转的历史哀怨。在这里你会邂逅触手可及的天堂梦境，在这里你能感受光影斑驳的岁月沧桑。

　　昭苏县域四面环山，河流众多，黑钙土滋养出万顷良田，是全疆唯一没有荒漠的县。昭苏春有鸥鸣滩涂，夏有百花烂漫，秋有层林尽染，冬有雾凇雪映。百万亩油菜紫苏花海水泼墨浸，波澜壮阔；千万亩草场峡谷万马奔腾，气势恢宏；高耸入天的云端草原月朗星稀，接天触目。昭苏还是丝绸之路北段重要的驿站，历史文化源远流长，印迹丰富，是汉武帝刘彻盛赞"腾昆仑，历西极"而闻名的天马故乡；小洪纳海石人驻足千载，岁月悠悠；细君公主万里和亲，乡音萦绕；格登碑功勋战绩，标榜史册；圣佑庙飞檐斗拱，清幽肃穆。

　　特殊的亚高原气候环境和土壤条件，造就了昭苏独特而丰富的生物类型，据初步调查统计，仅分布于昭苏境内的药用植物就多达400余种，其中很多属于珍稀濒危药用植物，如新疆紫草、淡紫金莲花、新疆贝母、天山雪莲、雪白睡莲、金黄侧金盏花等。整理和收集这些宝贵的种质资源，宣传昭苏亚高原独特的植物种类，可有效普及中草药知识，增强人们的资源保护意识，帮助人们认识各种药用植物，继而带动昭苏全域旅游业的持续发展。《昭苏亚高原野生药用植物图谱》收载昭苏县境内分布的药用植物270多种，形式图文并茂，内容科学可靠，可供专业工作者和业余爱好者参考。该书的出版必将进一步促进昭苏中草药和旅游产业的发展，助力生态昭苏、旅游昭苏、康养昭苏的早日实现，造福昭苏各族群众，为昭苏开创更加美好的明天。

昭苏县县委书记

2018 年 12 月 15 日

　　昭苏县是中亚内陆腹地一个群山环抱的高位山间盆地，由于四周高山环抱，海拔在 1323~6995 米之间，形成了一个非常独特的自然生态环境。昭苏县南部为天山主脉，山势雄伟，高峻绵亘，是阻挡南疆沙漠干热风的天然屏障；北部为乌孙山，呈东西走向，山体较矮；西部受沙尔套山以及哈萨克斯坦境内查旦尔山的阻隔，形成一个南、西、北三面高，东部略低的盆地。昭苏县属于大陆性温带山区半干旱半湿润冷凉气候类型。境内水系发达，水资源丰富。除特克斯河横贯全境，还有 24 条河流分布在县境南北。年平均温度 2.9℃，年极端最高温度 33.5℃，最低温度 -32℃。全年无霜期平均为 98 天。降水空间分布特点是东部多于西部，山区多于盆地。春秋湿润、寒冷、多雾，盛夏多雷、多雨、多冰雹。昭苏县年均降雨量达500 多毫米，为全疆之冠。其特点是冬长夏短，没有明显的四季之分，只有冷暖之别，是新疆唯一一个没有荒漠的县。由于其多种多样的地形地貌，亚高原所特有的气候条件，为药用植物的生长提供了十分适宜的场所，也因此成为新疆药材资源最丰富的地区。

　　昭苏盆地药用植物资源分布广泛，品种繁多，蕴藏量大，且有部分稀有品种，药用价值高，极具开发价值，同时，独特的自然环境，适宜多种中药材的种植，这为昭苏盆地开发中药材资源提供了有利的条件。据多年来的考察，昭苏盆地分布野生药用植物有 400 多种，主要有甘草、天山雪莲、新疆党参、新疆紫草、新疆藁本、新疆贝母、伊犁贝母、阿勒泰独活、一支蒿、牛蒡、款冬花、准噶尔乌头、芳香新塔花、麻黄、秦艽、柴胡、沙棘、红门兰、红景天、益母草等。在昭苏县不仅有丰富的中药材资源，由于许多药用植物有着十分美丽而奇特的花朵，生长在高山草原，也给昭苏草原增添了无尽的色彩。近年来，在昭苏县委和县政府的支持和引导下，全县的中药材种植已经初见成效。如种植的当归、党参、黄芪、芍药、百合、伊贝母、玫瑰，已经取得种植经验及良好的经济效益，为开发地产中药材打下了较好的基础。为促进昭苏县中药材种植与开发，我们将多年来对昭苏盆地药用资源的调查，积累的丰富的原始资料，整理编写出《昭苏亚高原野生药用植物图谱》

一书，旨在将昭苏特有的药用植物介绍给读者，借此推动昭苏中药材的种植，同时向人们宣传昭苏丰富的自然资源，促进昭苏的旅游事业同步发展。

《昭苏亚高原野生药用植物图谱》一书收集了昭苏县境内分布的药用植物资源，收载药用植物 71 科 200 余种。每一物种都记录了中文名、药材名称、来源、形态特征、分布与生境、药用部位、成分、功能主治，并配有植物图片。本书的编排是按低等植物到高等植物顺序排列。

本书的顺利完成得到了昭苏县委、县政府与泰州援疆办及同行专家的大力支持，在此一并表示感谢。由于我们的专业水平有限，本书在编撰工作中难免存在错误和缺点，还望专家同行们多多提出宝贵的意见，不吝赐教、指正。

《昭苏亚高原野生药用植物图谱》

编委会

2018 年 9 月 10 日

目 录

1 牛肝菌科

牛肝菌

【药材名】牛肝菌。

【来源】为牛肝菌科（Boletaceae）真菌红网牛肝菌 *Boletus luridus* Schaeff. ex Fr.

【形态特征】子实体比较肥大，菌柄具红色网纹。菌盖直径 6～17cm，扁半球形，浅土褐色或浅茶褐色，表面干燥，具平伏细绒毛，常龟裂成小斑块。菌肉与菌管接触面带红色。菌管层离生，黄色，受伤处变蓝色，管口圆形至三角形，橘红色。菌柄粗壮，肉质，圆柱形，长可达 10cm 以上，粗 1.3～2.2cm，上部橘黄至紫红色，下部紫红褐色，尤其基部色更深。孢子印青褐色。孢子椭圆形，光滑，淡黄。管侧囊体近梭形或近柱形，近无色。

【分布与生境】夏秋季在阔叶林或混交林地上成群或分散生长，昭苏各山区均有分布。

【药用部位】子实体。

【成分】多糖、生物碱、甾醇类化合物等。

【功能主治】微甘，温。消食和中，祛风寒，舒筋络。治少腹胀，腰腿疼痛，手足麻木。

2 齿菌科

翘鳞肉齿菌

【药材名】 鹿茸菇。

【来源】 为齿菌科（Hydnaceae）真菌翘鳞肉齿菌 *Sarcodon imbricatum*（L. ex Fr.）Karst.

【形态特征】 子实体肉质，高 5 ~ 11cm，菌盖扁平至扁平球形，中部脐状，圆形，宽 5 ~ 20cm，浅褐色。菌盖直径 6 ~ 10cm，上有呈同心环纹排列的深褐色三角形并翘起的粗大鳞片，覆瓦状；菌肉近白色，略带浅粉红色；菌柄中生或稍偏生，长 4 ~ 5cm，粗 1.5 ~ 3cm，上下等粗或基部膨大，中实、平滑，与菌盖同色；肉齿锥形，延生，长可达 1 ~ 1.5cm，深褐色，尖端色淡；担孢子近球形，多疣，浅色。

【分布与生境】 生长于海拔 1500 ~ 2200m 之间的云杉林下，昭苏县各乡镇山区均有分布。

【药用部位】 子实体。

【成分】 葡萄糖、甘露糖、阿拉伯糖、氨基酸、矿质元素、粗蛋白和氨基酸。

【功能主治】 甘，平。滋补强壮，扶正固本，增强免疫，延缓衰老。治冠心病，高血压，癌症，白细胞减少症，糖尿病，过敏症等。

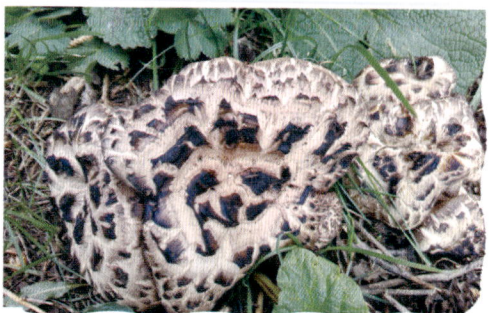

3 羊肚菌科

羊肚菌

【药材名】羊肚菜。

【来源】羊肚菌科（Morohellaceae）真菌羊肚菌 *Morchella esculenta*（L.）Pers.

【形态特征】子实体较小或中等，6～14.5cm，菌盖椭圆形至卵圆形，顶端钝；表面有许多小凹坑，外观似羊肚，小凹坑不规则形至近圆形，蛋壳色，棱纹色较淡，不规则地相互交叉；小凹坑内表面布以子实层，子实层由子囊及侧丝组成；子囊呈长圆柱状，透明无色；子囊内含8个单行排列的子囊孢子，呈长椭圆形，透明无色；侧丝顶端膨大，菌柄近白色，表面平滑，中空，基部膨大且有不规则的槽。

【分布与生境】多生长在海拔1800～2500m之间林下冷温地带，昭苏县各乡镇山区均有分布，阿克苏乡、77团有人工栽培。

【药用部位】子实体。

【成分】蛋白质、多糖、甲壳质、脂类、磷酸盐。

【功能主治】甘，平。益肠胃，助消化，化痰理气，补肾壮阳，补脑提神，现代药理研究具有强身健体，预防感冒，增强人体免疫力的功效。

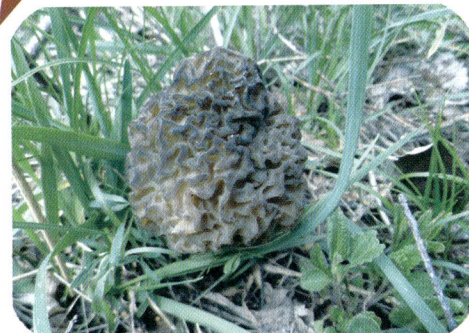

4 灰包科

大马勃

【药材名】马勃。

【来源】灰包科（Lycoperdaceae）真菌大秃马勃 *Calvatia gigantea*（Batsch ex Fr.）Lloyd.

【形态特征】子实体球形至近球形，直径 15～25cm 或更大，不孕基部无或很小，包被初为白色，后变浅黄色或淡绿黄色，初微具绒毛，后变光滑、薄、脆，成熟后不规则地块状剥离，由膜状外包被和较厚内包被组成；孢子体浅黄色，后变橄榄色。孢丝长，稍分枝，具横隔但稀少，浅橄榄色；孢子球形，光滑，或有时具细微小疣，浅橄榄色。

【分布与生境】夏秋季单生或群生于林地及草原阴湿草丛内，昭苏县各乡镇草原均有分布。

【药用部位】全草。

【成分】含有甾体化合物、萜类化合物、氨基酸、脂肪酸以及多糖、蛋白质和多肽等。

【功能主治】辛，平。清肺利咽，止血消肿。治肺热咳嗽，咽喉肿痛，音哑，吐血，衄血，痔疮出血，外伤出血。

5 松萝科

破茎松萝

【药材名】松萝。

【来源】松萝科（Usneaceae）植物破茎松萝 *Usnea diffracta* Vain.

【形态特征】植物体丝状，长 15 ~ 30cm，成二叉式分枝，基部较粗，分枝少，先端分枝多。表面灰黄绿色，具光泽，有明显的环状裂沟，横断面中央有韧性丝状的中轴，具弹性，可拉长，由菌丝组成，易与皮部分离；其外为藻环，常由环状沟纹分离或成短筒状。菌层产生少数子囊果。子囊果盘状，褐色，子囊棒状，内生 8 个椭圆形子囊孢子。

【分布与生境】主要生长于雪岭云杉树干上，昭苏县各乡镇山区均有分布。

【药用部位】全草。

【成分】松萝酸、环萝酸、地衣聚糖。

【功能主治】甘，平。清热解毒，化痰止咳，活血通络，止血。治颈淋巴炎，乳腺炎，气管炎，外用治外伤出血。

6　石杉科

石　杉

【药材名】小杉兰。

【来源】石杉科（Huperziaceae）植物石杉 *Huperzia selago*（L.）Bernh. ex Shrank et Mark.

【形态特征】茎直立，具原生中柱或星芒状中柱，二叉分枝，枝上部常有芽苞。叶小，仅具中脉，线形或披针形，螺旋状排列，常草质，无光泽，淡绿色，全缘或具锯齿。孢子叶较小，孢子囊生在全枝或枝上部孢子叶腋，肾形，2 瓣开裂。孢子球状四面形。

【分布与生境】生于低海拔林缘、疏林下、路边、山坡及草丛间，昭苏县各山区均有分布。

【药用部位】全草。

【成分】石松碱、棒石松碱。

【功能主治】苦、辛，温。祛风除湿，舒筋活络，止血续筋，强腰。用于风寒湿痹，皮肤麻木，四肢软弱，跌打损伤等。

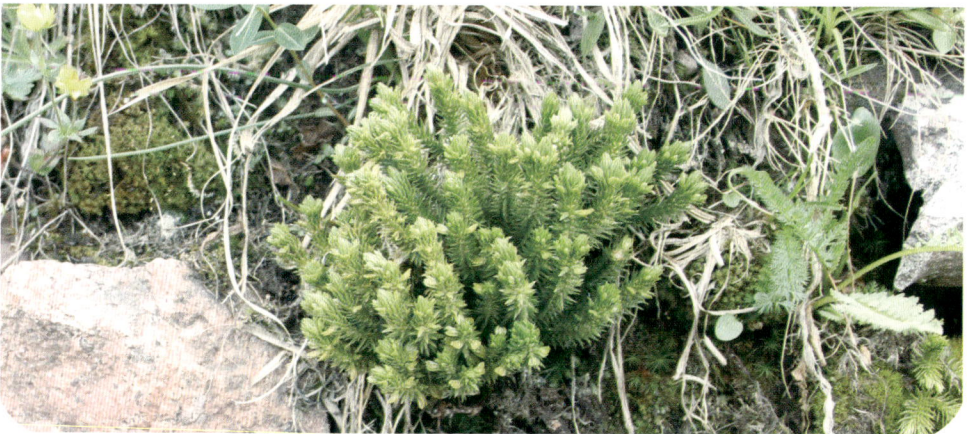

7　卷柏科

圆枝卷柏

【药材名】卷柏。

【来源】卷柏科（Selaginellaceae）植物圆枝卷柏 *Selaginella sanguinolenta*（L.）Spring

【形态特征】多年生草本，植株丛生，高 7～25cm。主茎匍匐，多回分枝直立或斜升，细圆柱形，绿色，老时带红色。叶互生，交互覆瓦状排列，卵形至长卵形，基部着生处稍下延而抱茎，短尖头，边缘膜质，有微细锯齿或近全缘。孢子叶三角状卵形，4 列密覆瓦状排列成孢子囊穗。孢子囊穗四棱柱形，单生小枝顶端，长 0.8～1.3cm，粗约 1.5mm；大孢子囊球状四面体形，着生于孢子囊穗下部；小孢子囊圆形，着生于孢子囊穗上部。

【分布与生境】生长在岩石缝隙或荒石坡上，昭苏县各乡镇均有分布。

【药用部位】全草。

【成分】双黄酮、生物碱、木脂素、有机酸等。

【功能主治】辛，平。活血通经，止血。治风湿痹痛，筋脉拘急诸症，脾气不升，运化失健，腹泻，痢疾等。

8　木贼科

木　贼

【药材名】木贼。

【来源】木贼科（Equisetaceae）植物木贼 *Equisetum hiemale* L.

【形态特征】根茎横走或直立，黑棕色，节和根有黄棕色长毛。地上枝多年生。枝一型。高达 1m 或更长，中部直径 5~9mm，节间长 5~8cm，绿色，不分枝或直基部有少数直立的侧枝。地上枝有脊 16~22 条，脊的背部弧形或近方形，无明显小瘤或有小瘤 2 行；鞘筒 0.7~1.0cm，黑棕色或顶部及基部各有一圈或仅顶部有一圈黑棕色；鞘齿 16~22 枚，披针形，小，长 0.3~0.4cm。顶端淡棕色，膜质，芒状，早落，下部黑棕色，薄革质，基部的背面有 3~4 条纵棱，宿存或同鞘筒一起早落。孢子囊穗卵状，顶端有小尖突，无柄。

【分布与生境】生于海拔 1200~2200m 的山坡林下阴湿处、湿地、溪边，喜阴湿的环境，昭苏县阿克达拉乡、阿克苏沟、夏塔沟有分布。

【药用部位】全草。

【成分】硅酸、木贼酸、鞣质、树脂和皂苷。

【功能主治】甘、苦，平。疏风散热，解肌，退翳，止血。治目生云翳，迎风流泪，肠风下血，血痢，疟疾，喉痛，痈肿等。

9　铁角蕨科

欧亚铁角蕨

【药材名】铁脚凤尾草。

【来源】铁角蕨科（Aspleniaceae）植物欧亚铁角蕨 *Asplenium viride* Hudson.

【形态特征】植株高 8 ~ 15cm，根状茎短而直立，或长而斜升，栗褐色，先端密被鳞片，鳞片披针形，膜质，黑色，有红色光泽，全缘。叶簇生，叶柄长 2 ~ 7cm，红棕色或栗褐色，上部为草绿色，有光泽，略被褐色纤维状鳞片，叶片线形，一回羽状；羽片 14 ~ 16 对，基部的对生，向上互生，平展，叶脉羽状，两面略可见，纤细，叶草质；叶轴草绿色，有时下部为红棕色，上面有阔纵沟。孢子囊群椭圆形，棕色，斜展或略斜向上，紧靠主脉，彼此密接，裂片有 4 ~ 8 枚，成熟时近汇合；囊群盖同形，白绿色，薄膜质，全缘，开向主脉，宿存。

【分布与生境】生长于海拔 2100m 的林下石缝中，昭苏境内均有分布。

【药用部位】全草。

【成分】硅酸、鞣质、淀粉。

【功能主治】淡、苦、平。清热解毒，收敛止血，补肾调经，散瘀利湿。用于小儿高热惊风，阴虚盗汗，痢疾，月经不调，带下病，淋浊，胃溃疡，烧、烫伤，疮疖肿毒，外伤出血等。

10 鳞毛蕨科

欧洲鳞毛蕨

【药材名】贯众。

【来源】鳞毛蕨科（Dryopteridaceae）植物欧洲鳞毛蕨 *Dryopteris filix - mas*（L.）Schott.

【形态特征】多年生草本，根状茎横卧，先端密被膜质鳞片，淡棕色。叶簇生，叶柄长 20～30cm，粗 3～8mm，深禾秆色，连同叶轴疏被淡棕色狭披针形，边缘流苏状鳞片和纤维状鳞毛；叶片长圆披针形，先端羽状渐尖，向基部渐变狭，二回羽状；羽片约 28 对，披针形，先端渐尖，基部平截，具短柄；小羽片 18～19 对，斜展，长圆形，先端钝圆，边缘具缺刻状锯齿。叶纸质，叶脉羽状，二叉，每小羽片 6～7 对，两面不显，除沿羽轴背疏被稀疏纤维状鳞毛外，其余近光滑。孢子囊群生于中肋两侧，靠近羽轴，每小羽片 3～4 对，小羽片先端有不育的空间。囊群盖圆肾形，纸质，淡褐色，边缘具缺刻，宿存。

【分布与生境】生于山坡林边、岩石湿地，昭苏县萨尔阔布乡有分布。

【药用部位】根茎。

【成分】绵马酚、白绵马素、绵马酸、苦味质。

【功能主治】苦，微寒。清热解毒，止血，杀虫。预防流感、腮腺炎、麻疹，治疗功能性子宫出血、肾虚浮肿，驱绦虫等。

11　水龙骨科

天山瓦苇

【药材名】瓦苇。

【来源】水龙骨科（Polypodiaceae）植物天山瓦苇 *Lepisorus allbertii*（Rgl.）Ching.

【形态特征】多年生草本，高 5～15cm。根状茎横生，密被黑色鳞片。叶生根状茎上，柄纤细，叶片线状披针形，全缘，纸质，侧脉在主脉两侧联成网眼，网眼内有单一或分叉的内藏小脉；叶片上面光滑，下面疏生鳞片。主脉上下均隆起，小脉不显。孢了囊群近圆形，着生于主脉与叶边之间，略靠近主脉，彼此相距下疏上密，1～2 个孢子囊群体积，幼时被隔丝覆盖；隔丝鳞片状，网眼不规则，大而透明，边缘有粗长刺，褐色。

【分布与生境】多生于山坡阴处岩石缝或沟边岩缝中，昭苏山区均有分布。

【药用部位】全草。

【成分】酚类、甾体、黄酮类、三萜类化合物。

【功能主治】苦、甘、凉。利尿排石，清肺泻热，消炎解毒，止血。治肾炎水肿，尿路感染，疮痈肿毒等。

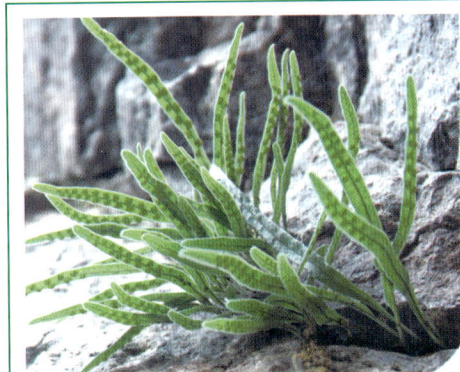

欧亚水龙骨

【药材名】水龙骨。

【来源】水龙骨科（Polypodiaceae）植物欧亚水龙骨 *Polypodium vulgare* L.

【形态特征】多年生草本，高 15～30cm。根茎长而横走，密生鳞片，鳞片棕色，边缘有粗齿。叶厚纸质，光滑或沿叶轴下面偶有一二极小的鳞片；具长柄，以关节和根状茎相连，柄长 2～11cm，叶片长 8～12cm，宽 3～4cm，羽状深裂，几达叶轴，裂片斜展，全缘或不明显的微波和锯齿，叶脉羽状分叉，小脉不达叶边。孢子囊群生于每组侧脉的基部上侧小脉顶端，位于叶边和主脉之间，无盖。

【分布与生境】生于海拔 1500～2300m 的疏林中阴湿石缝或岩壁上，昭苏县山区均有分布。

【药用部位】全草。

【成分】含鞣酸、苹果酸、皂苷、甘草甜素、黏液质等。

【功能主治】甘，平。清热解毒，平肝明目，祛风通络。治尿路感染，腹泻，急性结膜炎，风湿性关节痛。

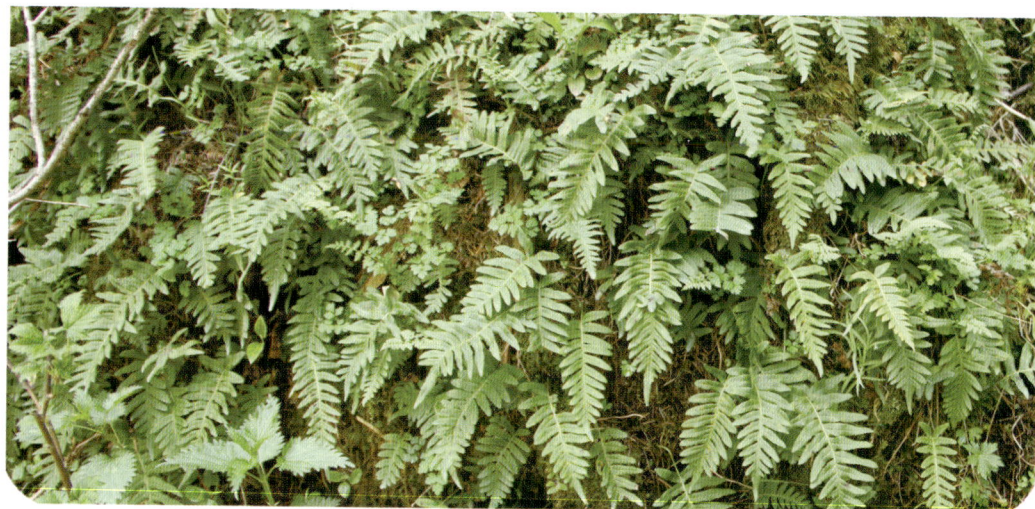

12 柏 科

天山圆柏

【药材名】臭柏

【来源】柏科（Cupressaceae）植物天山圆柏 *Sabina vulgaris* Antoine

【形态特征】匍匐灌木，高不及1米，稀灌木或小乔木；枝密，斜上伸展，枝皮灰褐色，裂成薄片脱落；一年生枝的分枝皆为圆柱形，径约1mm。叶二型，刺叶常生于幼树上，稀在壮龄树上与鳞叶并存，常交互对生或兼有三叶交叉轮生，排列较密，向上斜展，长3~7mm，先端刺尖，上面凹，下面拱圆，中部有长椭圆形或条形腺体；鳞叶交互对生，排列紧密或稍疏，斜方形或菱状卵形，长1~2.5mm，先端微钝或急尖，背面中部有明显的椭圆形或卵形腺体。雌雄异株，稀同株；雄球花椭圆形或矩圆形；雌球花曲垂或初期直立而随后俯垂。球果生于向下弯曲的小枝顶端，熟前蓝绿色，熟时褐色至紫蓝色或黑色，多少有白粉，具1~4粒种子，多为倒三角状球形；种子卵圆形，微扁，顶端钝或微尖，有纵脊与树脂槽。

【分布与生境】生于海拔1500~2500米地带的多石山坡，常生于针叶树或针叶树阔叶树混交林内，或生于平原河滩砂地上，昭苏县天山乡河滩地有大面积分布。

【药用部位】枝、叶、果实。

【成分】圆柏内酯。

【功能主治】苦，平。驱风镇静，活血止痛。用于风湿性关节痛，小便淋痛，迎风流泪，头痛，视物不清。

13　麻黄科

中麻黄

【药材名】麻黄

【来源】麻黄科（Ephedraceae）植物中麻黄 *Ephedra intermedia* Schrenk et C. A. Mey.

【形态特征】灌木，高达 1 米以上；茎直立或匍匐斜上，粗壮，基部分枝多；绿色小枝常被白粉呈灰绿色，节间通常长 3～6cm，纵槽纹较细浅。叶 3 裂及 2 裂混见，下部约 2/3 合生成鞘状，上部裂片钝三角形或窄三角披针形。雄球花通常无梗，数个密集于节上成团状，稀 2～3 个对生或轮生于节上，具 5～7 对交叉对生或 5～7 轮苞片，雄花有 5～8 枚雄蕊，花丝全部合生，花药无梗；雌球花 2～3 成簇，对生或轮生于节上，无梗或有短梗，苞片 3～5 轮或 3～5 对交叉对生，通常仅基部合生，边缘常有明显膜质窄边，最上一轮苞片有 2～3 雌花；雌花的珠被管长达 3mm，常成螺旋状弯曲。雌球花成熟时肉质红色，椭圆形、卵圆形或矩圆状卵圆形，种子包于肉质红色的苞片内，不外露，3 粒或 2 粒，形状变异颇大，常呈卵圆形或长卵圆形。花期 5～6 月，种子 7～8 月成熟。

【分布与生境】生于海拔数百米至 2000 多米的干旱荒漠、沙滩地区及干旱的山坡或草地上，昭苏县阿克达拉乡北山沟有分布。

【药用部位】全草、根。

【成分】麻黄碱、伪麻黄碱、树脂。

【功能主治】辛、微苦，温。发汗解表，止咳平喘，利尿。治风寒感冒，急性支气管炎，肺炎，哮喘。根甘，平，收敛止汗。治自汗，盗汗。

木贼麻黄

【药材名】麻黄

【来源】麻黄科（Ephedraceae）植物木贼麻黄 *Ephedra equisetina* Bge.

【形态特征】直立小灌木，高达1米，木质茎粗长，直立，稀部分匍匐状。基部径达1~1.5cm，中部茎枝一般径3~4mm；小枝细，径约1mm，节间短，长1~3.5cm，多为1.5~2.5cm，纵槽纹细浅不明显，常被白粉呈蓝绿色或灰绿色。叶2裂，长1.5~2mm，褐色，大部合生，上部约1/4分离，裂片短三角形，先端钝。雄球花单生或3~4个集生于节上，无梗或开花时有短梗，卵圆形或窄卵圆形，苞片3~4对，基部约1/3合生，假花被近圆形，雄蕊6~8，花丝全部合生，微外露，花药2室，稀3室；雌球花常2个对生于节上，窄卵圆形或窄菱形，苞片3对，菱形或卵状菱形，最上一对苞片约2/3合生，雌花1~2，珠被管长达2mm，稍弯曲。雌球花成熟时肉质红色，长卵圆形或卵圆形，具短梗；种子通常1粒，窄长卵圆形，顶端窄缩成颈柱状，基部渐窄圆，具明显的点状种脐与种阜。花期6~7月，种子8~9月成熟。

【分布与生境】生于干旱山区的山脊或石质坡地上。昭苏县阿合牙孜沟有分布。

【药用部位】全草、根。

【成分】麻黄碱、伪麻黄碱、树脂。

【功能主治】辛、微苦，温。发汗解表、止咳平喘、利尿。治风寒感冒、急性支气管炎、肺炎、哮喘。根甘、平，收敛止汗。治自汗、盗汗。

14 大麻科

大 麻

【药材名】火麻仁

【来源】大麻科（Cannabinaceae）植物大麻 *Cannabis sativa* L.

【形态特征】一年生草本，高 1~2 米，茎粗壮直立，皮层富纤维，基部木质化。叶互生或下部对生，具长柄，掌状全裂，裂片披针形或条状披针形，边缘有粗锯齿。花单性，雌雄异株，花序生于上部叶腋，雄花为长而疏散的圆锥花序，花淡黄绿色，无花瓣；雌花序成短穗头，花绿色，子房近球形。瘦果扁卵形，为宿存黄褐色苞片所包裹，果皮坚脆，表面具细网纹。花期 6~7 月，果期为 8~9 月。

【分布与生境】生长在平原、山沟，昭苏县境内有大量分布。

【药用部位】种仁。

【成分】脂肪油、蛋白质、挥发油、甾醇葡萄糖醛酸、维生素 E 等。

【功能主治】甘，平。润肠，治大便燥结，恶风，经闭，健忘。

15　荨麻科

焮　麻

【药材名】荨麻

【来源】荨麻科（Urticaceae）植物焮麻 *Urtica fissa* E. pritz.

【形态特征】多年生草本，高 70～200cm，茎直立，有棱，生螫毛和微柔毛。叶对生，掌状深裂或全裂，裂片再羽状分裂，长 5～14cm，两面疏生短柔毛，下面疏生螫毛，叶柄长 2～8cm；托叶宽线形，离生。花单性，雌雄同株或异株，穗状花序生于枝的上部叶腋，长 12cm，苞片膜质透明，雄花约 2mm，花被 4 片，雄蕊 4 个；雌花花被在开花后增大，直径 2.5mm，有短柔毛和少量螫毛。瘦果卵形，两面凸起，稍扁，长约 2mm，灰褐色，光滑。花期 6～7 月，果期 8～9 月。

【分布与生境】生长在山坡、路旁或住宅旁半荫湿处，昭苏县各乡镇均有分布。

【药用部位】茎叶、根。

【成分】维生素、鞣质、蚁酸、醋酸、荨麻苷。

【功能主治】苦、辛，温，有小毒。祛风解痉，活血止痛，解毒消肿，壮筋骨，补虚损。茎叶治风疹，羊癫风，荨麻疹，湿疹。根治风湿性关节炎，气虚自汗。

宽叶荨麻

【药材名】宽叶荨麻。

【来源】荨麻科（Urticaceae）植物宽叶荨麻 *Urtica laetevirens* Maxim.

【形态特征】多年生草本，高 40～100cm。茎单一或有少数分枝，疏生螫毛和微柔毛。叶对生，叶片宽卵或卵形，长 4～9cm，宽 2.5～4.5cm，顶端短尖至长尖，基阔楔形或近心形，边缘具大型稀疏的锐尖牙齿，两面疏生短毛，叶柄长 1～3cm；托叶线状披针形。雌雄同株，雄花序生于茎的上部，长达 8cm，雄花花被片 4 个，背部生短毛，雄蕊 4 个，花药大，黄色；雌花序短，生于雄花序之下，雌花花被片 4 个，柱头画笔状。瘦果卵形，稍扁，长 1.5mm。花期 7～8 月，果期 8～9 月。

【分布与生境】生长在山坡、路旁或住宅旁半荫湿处，昭苏县各乡镇均有分布。

【药用部位】茎叶、根。

【成分】维生素、鞣质、蚁酸、醋酸、荨麻苷。

【功能主治】苦、辛，温，有小毒。祛风解痉、活血止痛、解毒消肿、壮筋骨、补虚损。茎叶治风疹，羊癫风，荨麻疹，湿疹。根治风湿性关节炎、气虚自汗。

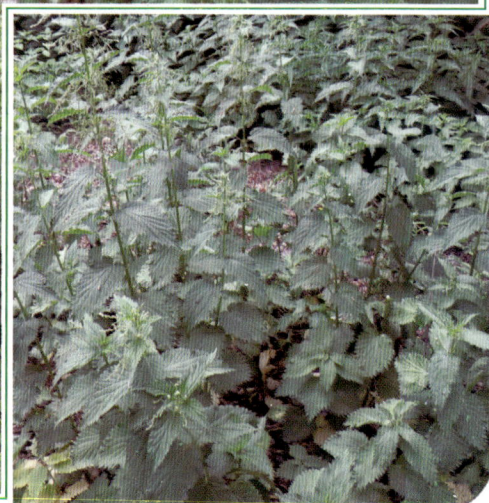

16 檀香科

急折百蕊草

【药材名】绿珊瑚。

【来源】檀香科（Santalaceae）植物急折百蕊草 *Thesium refractum* C. A. Mey.

【形态特征】多年生寄生草本，高 15～30cm，全株无毛。根直生，稍肥厚，多头。茎数条丛生、直立，具棱，幼枝更明显，上部分枝，稍呈"之"字形弯曲。叶互生，质稍厚，线状披针形，基部稍狭，先端通常钝，具 1 条主脉，有时为 3 条不明显的叶脉，边缘全缘而粗糙。花集成圆锥花序，花梗长 5～7mm，花轴成"之"字形弯曲；雄蕊 5，稍短于花被裂片，花丝较花药长；子房下位，花柱圆柱状，较长，柱头超出雄蕊，几乎与花被筒部、子房合生，短于花被裂片。坚果椭圆形，长 2～2.5mm，径约 2mm，果梗长 1cm，果实表面具数条纵棱及少许纵伸的侧脉棱。花期 6 月，果期 7 月。

【分布与生境】生于草甸、草原、灌木林中、林缘、石砾草坡。昭苏县阿合牙孜沟和阿克苏沟有分布。

【药用部位】全草。

【成分】黄酮、生物碱、甾醇、酚类、挥发油。

【功能主治】甘、微苦、凉。清热解痉、利湿消疳。用于小儿肺炎、支气管炎、肝炎、小儿惊风、腓肠肌痉挛、风湿骨痛、小儿疳积、血小板减少性紫癜。

17　蓼　科

天山大黄

【药材名】大黄。

【来源】蓼科（Polygonaceae）植物天山大黄 *Rheum wittrockii* Lundstr.

【形态特征】多年生草本，高50~150cm，根粗壮，褐色，木质部黄色，基部有暗褐色膜质状的鞘。茎直立，由基部少数分枝，中空，有沟纹。叶鞘淡红色，膜质，叶有长柄，扁圆形，光滑无毛，长等于叶片；叶片卵状或长圆状卵形，基部深心脏形，先端渐尖，边缘有细毛；叶脉5条，明显突起，密被白毛，上面光滑，背面有毛。花序圆锥形，顶生，白色或淡粉红色；花被6枚，雄蕊9枚，雌蕊1枚，花柱3个。果实长圆形，具翅，粉红色或紫红色，成熟时棕黄色。花期6月，果期8~9月。

【分布与生境】生于海拔1500~2500m的山坡湿地、山地草甸及林间空地上，昭苏县各山区均有分布。

【药用部位】根及根茎。

【成分】含蒽醌衍生物、鞣质、黄酮化合物、葡萄糖苷、谷甾醇。

【功能主治】苦，寒。泻实热，通大便，破积行瘀，消痈肿。治大便秘结，急性阑尾炎，湿热黄疸，跌打损伤，疮疖痈肿，外伤出血。

皱叶酸模

【**药材名**】土大黄。

【**来源**】蓼科（Polygonaceae）植物皱叶酸模 *Rheum crispus* L.

【**形态特征**】多年生草本，高 50～150cm。直根，粗壮。茎直立，有浅沟槽，通常不分枝，无毛。根生叶有长柄；叶片披针形或长圆状披针形，两面无毛，顶端和基部都渐狭，边缘有波状皱褶；茎上部叶小，有短柄；托叶鞘筒状，膜质。花序由数个腋生的总状花序组成圆锥状，顶生狭长，长达 60cm；花两性，多数；花被片 6，排成 2 轮，内轮花被片在果时增大，顶端钝或急尖，基部心形，全缘或有不明显的齿，有网纹；雄蕊 6；柱头 3。瘦果椭圆形，有 3 棱，顶端尖，棱角锐利，长 2mm，褐色，有光泽。花期 6～7 月，果期 7～8 月。

【**分布与生境**】生长于沟边湿地、河岸、水甸子旁，昭苏境内均有分布。

【**药用部位**】根、全草、叶。

【**成分**】根含大黄酚、大黄素、色素、有机酸、草酸钙、鞣质、树脂、糖类、淀粉、黏液质等。叶含有机酸、维生素 C 等。

【**功能主治**】苦，寒。清热消肿，凉血止血，通便杀虫。治急慢性肝炎、肠炎、痢疾、慢性支气管炎，吐血衄血，便血，崩漏，热结便秘，皮肤湿疹。

萹 蓄

【药材名】 萹蓄。

【来源】 蓼科（Polygonaceae）植物萹蓄 Polygonum aviculare L.

【形态特征】 一年生草本，高 15～50cm。茎匍匐或斜上，基部分枝甚多，具明显的节及纵沟纹，幼枝上微有棱角。叶互生，叶柄短，2～3mm，亦有近于无柄者；叶片披针形至椭圆形，先端钝或尖，基部楔形，全缘，绿色，两面无毛；托鞘膜质，抱茎，下部绿色，上部透明无色，具明显脉纹，其上有多数平行脉常伸出成丝状裂片。花 6～10 朵簇生于叶腋；花梗短；苞片及小苞片均为白色透明膜质。花被绿色，5 深裂，具白色边缘，结果后，边缘变为粉红色。雄蕊通常 8 枚，花丝短；子房长方形，花柱短，柱头 3 枚。瘦果包围于宿存花被内，仅顶端小部分外露，卵形，具 3 棱，长 2～3mm，黑褐色，具细纹及小点。花期 6～8 月，果期 9～10 月。

【分布与生境】 生于海拔 1500～2200m 的田边、路旁、水边湿地。昭苏县各乡镇均有分布。

【药用部位】 全草。

【成分】 萹蓄苷、槲皮苷、咖啡酸、绿原酸、黄酮苷、蒽醌类。

【功能主治】 苦、平。清热解毒、利尿杀虫。治热淋、急性膀胱炎、尿道炎、黄疸、白带、蛔虫、蛲虫病、皮肤湿疹。

拳 参

【药材名】拳参。

【来源】蓼科（Polygonaceace）植物拳参 *Polygonum bistorta* L.

【形态特征】多年生草本，高 20～60cm。根茎肥大，钩状弯曲，暗褐色或紫褐色，向上有残存的枯叶柄，向下有密集的根。茎通常 2～3 条自根茎发出，直立，不分枝，无毛。根生叶有长柄，叶片椭圆状披针形或狭卵形，顶端急尖或渐尖，基部截形或圆钝，有时呈心脏形，下延，在叶柄上部成狭翅，上面光滑，下面多或少有密集的卷曲毛，边缘常向下反卷，微呈波状，纸质；茎下部叶有短柄，茎上部叶无柄，线形或披针形，基部半抱茎；托叶鞘筒状，膜质，棕褐色或褐色，有乳头状毛，稀光滑，茎上部的短，顶端分裂。花序穗状，顶生，花密集；苞片广卵形，淡褐色，下面的宽，顶端有 3 尖，中间的成芒状；花两性，有细梗，露出苞外；花被分裂至基部或近基部，裂片椭圆形，淡红色或白色，雄蕊 8，花药暗红色，从花被中露出；花柱 3，柱头头状。瘦果椭圆形，暗褐色，有 3 棱，光亮。花期 6～7 月，果期 8～9 月。

【分布与生境】生于高山和亚高山带的草甸、山坡上，昭苏各山区均分布。

【药用部位】根茎。

【成分】鞣质、没食子酸、糖类、树胶、黏液质、树脂、黄酮类。

【功能主治】苦、涩，微凉。清热解毒，活血消肿，收敛止血。治急慢性肝炎，肺热咳嗽，赤痢热泻，吐血衄血，痔疮出血，痈肿疮毒。

珠芽蓼

【药材名】拳参。

【来源】蓼科（Polygonaceae）植物珠芽蓼 *Polygonum viviparum* L.

【形态特征】多年生草本，高 10 ~ 50cm，根茎肥厚，弯曲，暗褐色，残存有死叶柄。茎通常 2 ~ 3，直立，不分枝，无毛。根生叶有长柄，叶片长圆形或披针形，长 2 ~ 10cm，宽 0.8 ~ 2cm，革质，顶端渐尖或钝，基部圆形或楔形或心脏形，上面光滑，下面色淡，无毛或有卷曲的毛，网状腺明显突出，边缘向下反卷，而且有肥厚的腺端；叶柄无翅；茎上部叶无柄，狭披针形。托叶鞘筒状，膜质，淡褐色，顶端斜形，常开裂。花序穗状，顶生，长 3 ~ 8cm，宽约 1cm；苞片卵形，顶端锐尖，膜质，淡褐色，各有 1 小珠芽或 1 ~ 2 花，珠芽卵形，长 3mm，通常在未脱离母株前即发芽生长，多出现于花序的下半部。花两性，近无梗，花被 5 深裂，几达基部，裂片椭圆形，淡红色或白色；雄蕊 8，长短不等，花药暗紫色；花柱 3，柱头头状，长约与花被相等。瘦果卵形，有 3 棱，暗褐色，有光泽。花期 6 ~ 7 月，果期 8 ~ 9 月。

【分布与生境】生于高山和亚高山带的山坡、草甸和云杉林下，昭苏各山区均有分布。

【药用部位】根茎。

【成分】鞣质、没食子酸、糖类、树胶、黏液质、树脂、黄酮类。

【功能主治】苦涩，微凉。清热解毒，活血消肿，收敛止血。治急慢性肝炎，肺热咳嗽，赤痢热泻，吐血衄血，痔疮出血，痈肿疮毒。

水 蓼

【药材名】水蓼。

【来源】蓼科（Polygonaceae）植物水蓼 *Polygonum hydropiper* L.

【形态特征】一年生草本，高 30～80cm。茎直立或倾斜，单一或从基部分枝，红褐色，无毛，节常膨大，基部节上生根。叶有短柄，互生，叶片披针形，长 2～9cm，宽 0.5～2cm，顶端渐尖，基部楔形，两面有腺点，全缘，沿缘有稀疏的短硬毛，近无毛；托叶鞘筒状，膜质，褐色或紫红色，无毛或短伏毛；顶端边缘有长 1～4mm 的纤毛。总状花序呈穗状，细长，顶生或腋生，长 4～10cm，花疏生，下部间断，苞片钟形，上部略斜，疏生睫毛或无毛；通常 3～5 朵花集生于苞内，苞片短于花梗；花两性，有梗；花被 5 深裂，淡绿色或淡红色，有明显的腺点；雄蕊 6～8；雌蕊 1，雌蕊有 2～3 花柱。瘦果卵形，通常一面平，一面突出，少有 3 棱，有小点，稍有光泽。花期 6～7 月，果期 8～9 月。

【分布与生境】生长于山谷湿地、水边、河滩草地上，昭苏境内均有分布。

【药用部位】全草。

【成分】水蓼素、槲皮素、槲皮苷、槲皮黄苷、金丝桃苷、香草酸、绿原酸、水杨酸、葡萄糖醛酸及焦性没食子酸和微量元素。

【功能主治】辛，平。解毒消肿，祛风利湿，杀虫止痒，止泻。治痢疾，风湿，痈肿，脚癣，皮肤瘙痒，跌打损伤。

18 藜 科

刺 藜

【药材名】刺藜

【来源】藜科（Chenopodiaceae）植物刺藜 *Chenopodium aristatum* L.

【形态特征】一年生草本，植物体通常呈圆锥形，高 10~40cm，无粉，秋后常带紫红色。茎直立，圆柱形或有棱，具色条，无毛或稍有毛，有多数分枝。叶条形至狭披针形，长达 7cm，宽约 1cm，全缘，先端渐尖，基部收缩成短柄，中脉黄白色。复二歧式聚伞花序生于枝端及叶腋，最末端的分枝针刺状；花两性，几无柄；花被裂片 5，狭椭圆形，先端钝或骤尖，背面稍肥厚，边缘膜质，果时开展。胞果顶基扁，圆形；果皮透明，与种子贴生。种子横生，顶基扁，周边截平或具棱。花期 8~9 月，果期 10 月。

【分布与生境】生在平原田园内、山坡、荒地等处的砂质土壤，极耐旱。昭苏县各地均有分布。

【药用部位】全草。

【成分】皂苷类物质。

【功能主治】淡，平。活血，祛风止痒。治月经过多，痛经，闭经，过敏性皮炎，荨麻疹。

19 苋 科

反枝苋

【药材名】反枝苋。

【来源】苋科（Amaranthanceae）植物反枝苋 *Amaranthus retroflexus* L.

【形态特征】一年生草本，高 20～80cm，茎直立，粗壮，单一或分枝，淡绿色，有时具紫色条纹，稍具钝棱，密生短柔毛。叶柄长 1～5cm，淡绿色，有时淡紫色，有柔毛。叶片菱状卵形或椭圆状卵形，长 5～12cm，宽 2～5cm，顶端锐尖或尖凹，有小凸尖，基部楔形，全缘或波状缘，两面及边缘有柔毛，下面毛较密；穗状花序顶生及腋生，呈圆锥状，直径 2～4cm，花序多刺毛，花淡绿色；雄蕊比花被片稍长；柱头3。种子倒卵形，边缘钝，黑褐色，有光泽。花期 6～7 月，果期 8～9 月。

【分布与生境】生在平原田园内、农田附近的草地上，昭苏县各处均有分布。

【药用部位】全草。

【成分】含鞣质、维生素 C、维生素 E、芦丁、胡萝卜素。

【功能主治】甘、淡，凉。清热解毒，利尿止痛，止痢。治内痔出血，扁桃腺炎，急性肠炎等。

20　马齿苋科

马齿苋

【药材名】马齿苋

【来源】马齿苋科（Portulacaceae）植物马齿苋 *Portulaca oleracea* L.

【形态特征】一年生肉质草本，全株无毛。茎平卧或斜上，多分枝，圆柱形，长 10～15cm，淡绿色或带紫红色。叶互生，有时近对生，叶柄粗短，叶片扁平，肥厚，倒卵形或匙形，似马齿状，长 1～3cm，宽 0.6～1.5cm，顶端圆钝或平截，有时微凹，基部宽楔形，全缘，上面深绿色，下面淡绿色或紫红色，中脉微隆起。花无梗，直径 4～5mm，常 3～5 朵簇生枝端，午时盛开；苞片 2～6，叶状，膜质；萼片 2，卵形；花瓣 5，黄色，倒卵状长圆形；雄蕊 8～12，花丝短，花药黄色；雌蕊 1，子房半下位，圆形，1 室，柱头 4～6 裂，线形。蒴果圆锥形，长约 5mm，棕色，盖裂；种子细小，扁圆形，黑褐色，有光泽。花期 5～8 月，果期 6～9 月。

【分布与生境】生于菜园、农田、路旁，昭苏县各地均有分布。

【药用部位】全草。

【成分】含维生素 A 样物质、胡萝卜素、维生素 B、维生素 C、皂苷、鞣质、树脂等。

【功能主治】酸，寒。清热解毒，凉血止血，祛风消肿。治细菌性痢疾，风湿性关节炎，热淋，痈肿恶疮，丹毒。

21　石竹科

膨萼蝇子草

【药材名】蝇子草

【来源】石竹科（Caryophyllaceae）植物膨萼蝇子草 *Silene wallichiana* Klotzsch.

【形态特征】多年生草本，高 20 ~ 100cm。叶卵圆状披针形，长 5cm，宽 1 ~ 2cm，苞片膜质，花萼膨大，长 12 ~ 18mm，具 20 条脉，花瓣白色，伸出花萼一半，瓣片 2 深裂达基部，无副花冠。蒴果近球形。花期 6 ~ 8 月，果期 8 ~ 10 月。

【分布与生境】分布于海拔 1200 ~ 2200 米亚高山草甸、沟边、林下，昭苏县境内均有分布。

【药用部位】全草。

【成分】氨基酸。

【功能主治】辛、涩，凉。清热利湿，解毒消肿。

圆锥石头花

【药材名】银柴胡

【来源】石竹科（Caryophyllaceae）植物圆锥石头花 *Gypsophila paniculata* L.

【形态特征】多年生草本，高 40 ~ 80cm，根肉质较长。全株无毛，粉绿色，多分枝。叶小而无柄，对生，全缘，披针形至线状披针形，叶长 5 ~ 10cm，宽 1cm，节部膨大，节距 2 ~ 8cm。圆锥状聚伞花序顶生，向四周散射。小花梗长 0.5 ~ 0.8cm，花萼短，钟形，长约 0.2cm，5 裂，花冠 5，白色或桃红色，长椭圆形，单瓣或重瓣；花期 6 ~ 8 月，果期 8 ~ 9 月。

【分布与生境】生于海拔 1500 ~ 2200 米河滩、草地、石质山坡及农田中，昭苏县各乡均有分布。

【药用部位】根。

【成分】含黄酮苷、酚类、氨基酸、挥发油、香豆素等。

【功能主治】甘，微寒。清热凉血。治肺结核阴虚潮热，小儿疳热。

麦蓝菜

【药材名】 王不留行

【来源】 石竹科（Caryophyllaceae）植物麦蓝菜 *Vaccaria segetalis*（Neck.）Garcke

【形态特征】 一年生草本，高30~70cm。全株光滑无毛，稍有白粉。茎直立，上部呈二叉状分枝，节略膨大，表面乳白色。单叶对生，无柄；叶片卵状椭圆形至披针形，长1.5~7.5cm，宽0.5~3.5cm，先端渐尖，基部圆形或近心形，稍连合抱茎，全缘，两面均呈粉绿色，中脉在下面突起，近基部较宽。疏生聚伞花序着生于枝顶，花梗细长，下有鳞片状小苞片2枚；花萼圆筒状，花后增大呈5棱状球形，顶端5齿裂；花瓣5，粉红色或白色，倒卵形，先端有不整齐小齿；雄蕊10，不等长；子房上位，1室，花柱2。蒴果包于宿存花萼内，成熟后先端呈4齿状开裂。种子多数，暗黑色，球形，有明显的疣状突起。花期5~6月，果期6~7月。

【分布与生境】 生于山坡、路旁，尤以麦田中最多，昭苏县均有分布，亦有少量栽培。

【药用部位】 种子。

【成分】 含三萜皂苷、黄酮苷、磷脂、豆甾醇等。

【功能主治】 甘、苦，平。活血通经，消肿下乳，利尿通淋。治经期腹痛，经闭，乳汁不通，乳痈，痈肿。

石　竹

【**药材名**】瞿麦

【**来源**】石竹科（Caryophyllaceae）植物石竹 *Dianthus chinensis* L.

【**形态特征**】多年生草本，高 30～50cm，全株无毛，带粉绿色。茎由根茎生出，疏丛生，直立，上部分枝。叶片线状披针形，长 3～5cm，宽 2～4mm，顶端渐尖，基部稍狭，全缘或有细小齿，中脉较显。花单生枝端或数花集成聚伞花序；花梗长 1～3cm；苞片 4，卵形，顶端长渐尖，长达花萼 1/2 以上，边缘膜质，有缘毛；花萼圆筒形，长 15～25mm，直径 4～5mm，有纵条纹，萼齿披针形，长约 5mm，直伸，顶端尖，有缘毛；花瓣长 15～18mm，瓣片倒卵状三角形，长 13～15mm，紫红色、粉红色、鲜红色或白色；顶缘不整齐齿裂，喉部有斑纹，疏生髯毛；雄蕊露出喉部外，花药蓝色；子房长圆形，花柱线形。蒴果圆筒形，包于宿存萼内，顶端 4 裂；种子黑色，扁圆形。花期 5～7 月，果期 7～9 月。

【**分布与生境**】生于海拔 1400～2500 米丘陵山地疏林下、林缘、草甸、沟谷溪边，昭苏县各乡均有分布。

【**药用部位**】全草。

【**成分**】皂苷、挥发油、维生素 A、维生素 C、生物碱。

【**功能主治**】苦，寒。清热利尿，破血通经，通淋消肿。治尿路感染，热淋，尿血，妇女经闭，疮毒，湿疹。

瞿　麦

【药材名】瞿麦

【来源】石竹科（Caryophyllaceae）植物瞿麦 *Dianthus superbus* L.

【形态特征】多年生草本，高 50~60cm。茎丛生、直立、绿色、无毛、上部分枝。叶片线状披针形，顶端锐尖，中脉特显，基部合生成鞘状，绿色或带粉绿色。叶对生，多皱缩，展平叶片呈条形至条状披针形。茎圆柱形，上部有分枝，长 30~60cm，表面淡绿色或黄绿色，光滑无毛，节明显，略膨大，断面中空。花 1~2 朵生枝端，有时腋生；苞片 2~3 对，倒卵形，约为花萼 1/4，顶端长尖；花萼圆筒形，常染紫红色晕，萼齿披针形，长 4~5mm；花瓣长 2~3cm，瓣片宽倒卵形，边缘繸裂至中部或中部以上，通常淡红色或带紫色，稀白色，喉部具丝毛状鳞片；雄蕊和花柱微外露。蒴果圆筒形，与宿存萼等长或微长，顶端 4 裂；种子扁卵圆形，黑色，有光泽。花期 6~8 月，果期 8~10 月。

【分布与生境】生于海拔 1400~2500 米丘陵、山地、疏林下、林缘、草甸、沟谷溪边，昭苏县各乡均有分布。

【药用部位】全草。

【成分】皂苷、挥发油、维生素 A、维生素 C、生物碱。

【功能主治】苦，寒。清热利尿，破血通经，通淋消肿。治尿路感染，热淋，尿血，妇女经闭，疮毒，湿疹。

22　睡莲科

雪白睡莲

【药材名】睡莲

【来源】睡莲科（Nymphaeaceae）植物雪白睡莲 *Nymphaea candida* C. Presl.

【形态特征】多年水生草本，根状茎短粗，横走。叶片漂浮于水面，纸质，近圆形，直径 10~25cm，基部具深弯缺，裂片尖锐，近平行或开展，全缘，两面无毛，光亮，叶背呈红色或紫红色，叶柄细长。花单生于细长的花梗顶端，浮于水面，花直径 8~12cm，芳香；花萼 4，长圆形；花瓣 15~25，白色，卵状矩圆形；雄蕊多数，黄色；柱头 6~15。海绵状浆果球形，种子椭圆形。花期 5~6 月，果期 7~9 月。

【分布与生境】生在沼泽、苇湖池中，昭苏沿特克斯河湿地有分布。

【药用部位】花。

【成分】睡莲苷、鞣质、睡莲碱。

【功能主治】甘，寒。清热化痰，养心益肾，止血。治小儿急慢性惊风，热痰咳嗽。

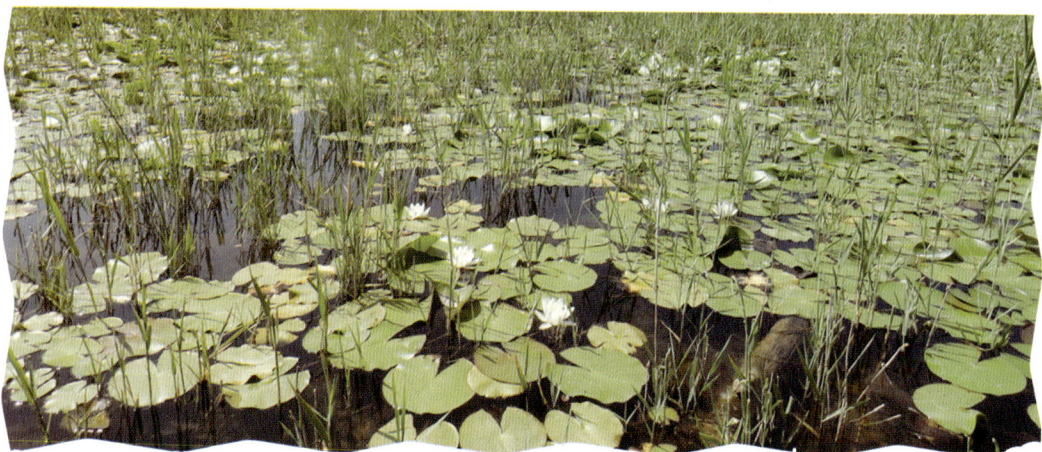

23　毛茛科

淡紫金莲花

【药材名】金莲花

【来源】毛茛科（Ranunculaceae）植物淡紫金莲花 *Trollius lilacinus* Bge.

【形态特征】多年生草本，植株全部无毛。须根粗壮。茎高 10～20cm，疏生 2 叶。基生叶 3～6 个，在开花时常尚未抽出或刚刚抽出，有长柄；叶片五角形，基部心形，三全裂，中央全裂片菱形，三裂至中部或近羽状深裂，二回裂片具少数小裂片及二角形或宽披针形的锐牙齿，侧全裂片斜扇形，不等二深裂近基部，脉平或上面稍下陷；叶柄基部具狭鞘。茎生叶具鞘状短柄或几无柄，比基生叶小。花单独顶生；萼片 15～18 片，淡紫色、淡蓝色或白色，倒卵形、宽椭圆形、椭圆形，间或卵形，顶端圆形，有时急尖或微钝，生不明显小齿；花瓣约 8 个，比雄蕊稍短，宽线形，顶端钝或圆形；雄蕊长 5～7mm，花药长约 2mm，心皮 6～11；蓇葖果长约 1.2cm，喙长 2～2.5mm；种子长约 1mm，椭圆球形，光滑，有少数不明显纵棱。花期 5～6 月，果期 7～8 月。

【分布与生境】生于海拔 2600～3500 米间山地草坡或云杉林边，昭苏县各山区均有分布。

【药用部位】花。

【成分】黄酮类化合物、生物碱、有机酸、挥发油等。

【功能主治】苦，寒。清热解毒。

准噶尔金莲花

【药材名】金莲花

【来源】毛茛科（Ranunculaceae）植物准噶尔金莲花 *Trollius dschungaricus* Rgl.

【形态特征】多年生草本，植株全体无毛。须根长达 7cm。茎高 30～70cm，不分枝，疏生 3～4 叶。基生叶 1～4 个，有长柄；叶片五角形，基部心形，三全裂，全裂片分开，中央全裂片菱形，顶端急尖，三裂达中部或稍超过中部，边缘密生稍不相等的三角形锐锯齿，侧全裂片斜扇形，二深裂近基部，上面深裂片与中全裂片相似，下面深裂片较小，斜菱形；叶柄长 12～30cm，基部具狭鞘。茎生叶似基生叶，下部的具长柄，上部的较小，具短柄或无柄。花单独顶生或 2～3 朵组成稀疏的聚伞花序；苞片三裂；萼片 10～15 片，金黄色，最外层的椭圆状卵形或倒卵形，顶端疏生三角形牙齿，其他的椭圆状倒卵形或倒卵形，顶端圆形，生不明显的小牙齿；花瓣稍长于萼片或与萼片近等长，稀比萼片稍短，狭线形，顶端渐狭；雄蕊长 0.5～1.1cm，花药长 3～4mm；心皮 20～30。蓇葖果具稍明显的脉网，喙长约 1mm；种子近倒卵球形，黑色，光滑，具 4～5 棱角。花期 5～6 月，果期 7～8 月。

【分布与生境】生长于海拔 1000～2200 米山地草坡或疏林下，昭苏县各山区均有分布。

【药用部位】花。

【成分】含黄酮类、生物碱及叶黄素。

【功能主治】苦，寒。清热解毒，消炎。治上感，扁桃体炎，咽炎，急性中耳炎，急性鼓膜炎，急性结膜炎，急性淋巴管炎，口疮，疔疮。

空茎乌头

【药材名】草乌

【来源】毛茛科（Ranunculaceae）植物空茎乌头 *Aconitum apetalum* （Huth） B. Fedtsch.

【形态特征】多年生草本，主根粗壮，茎粗大，高2米，直径1.5cm，无毛或下面被反曲的短毛，中空，在花序之下有短分枝。基生叶及茎下部叶具长柄；叶片圆肾形，三深裂，深裂片互相稍覆压，中央深裂片三裂，二回裂片边缘有小裂片和粗齿，侧深裂片斜扇形，不等二裂，表面无毛，背面沿脉被短毛；叶柄长30~40cm，被短毛，具纵沟。总状花序长达60cm，具多数密集的花，苞片线形；花梗长2~5mm，与轴成钝角展出，密被伸展的淡黄色短柔毛；萼片白色或淡黄色，外面疏被短柔毛，上萼片高盔形，外缘在近基部处稍缢缩，约成直角向外伸出并与下缘形成长喙；花瓣比萼片短，无毛，瓣片长度约为爪的1/2，距不存在；雄蕊无毛，花丝全缘，稀具1齿；心皮3，子房被短毛。花期7~8月，果期8~9月。

【分布与生境】生长在海拔1800~2500米间山地草坡或云杉林下，昭苏县萨尔阔布乡有分布。

【成分】含多种生物碱。

【功能主治】辛、苦，大热，有毒。散风寒，除湿止痛。治风湿性关节炎，跌打损伤，腰脚冷痛。

白喉乌头

【**药材名**】草乌

【**来源**】毛茛科（Ranunculaceae）植物白喉乌头 *Aconitum leucostomum* Worosch.

【**形态特征**】多年生草本，根粗壮，直根略卷曲。茎高 1.5～2 米，中部以下疏被反曲的短柔毛或几无毛，上部有开展的腺毛。基生叶数枚，具长柄，叶片长圆形，深裂，表面无毛或几无毛，背面疏被短曲毛，茎生叶渐小。总状花序长 20～45cm，有多数密集的花；轴和花梗密被开展的淡黄色短腺毛；花梗长 1～3cm，近向上直展；小苞片生花梗中部或下部，狭线形或丝形，萼片淡蓝紫色，下部带白色，外面被短柔毛，上萼片圆筒形，花瓣无毛，距比唇长，稍卷；雄蕊无毛，花丝全缘；心皮 3，无毛。蓇葖果长 1～1.2cm；种子倒卵形，有不明显 3 纵棱，生横狭翅。花期 7～8 月，果期 8～9 月。

【**分布与生境**】生海拔 1400～2500 米间山地草坡或山谷沟边，昭苏县境内均有分布。

【**药用部位**】根。

【**成分**】含多种生物碱。

【**功能主治**】辛、苦，大热，有毒。散风寒，除湿止痛。治风湿性关节炎，跌打损伤，腰脚冷痛。

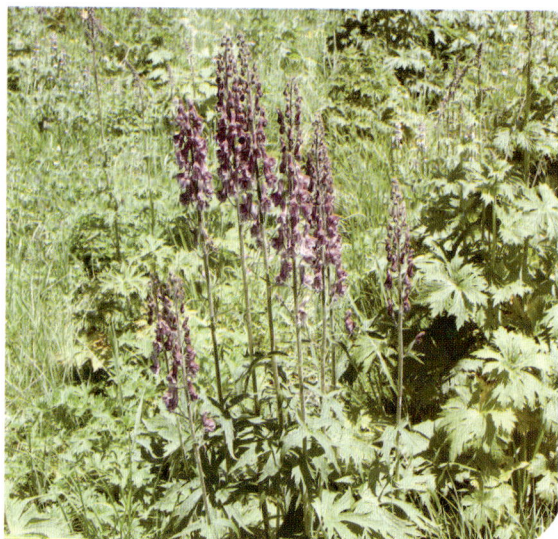

圆叶乌头

【药材名】草乌

【来源】 毛茛科 （Ranunculaceae） 植物圆叶乌头 *Aconitum rotundifolium* Kar. et Kir.

【形态特征】 多年生草本植物，块根成对。茎高 15～40cm，疏被反曲而紧贴的短柔毛，不分枝或分枝。近茎基部处有茎生叶 3～4 枚，具长柄；叶片圆肾形，三深裂约至 3/4 处，中央深裂片倒梯形，三浅裂，浅裂片具少数卵形小裂片或圆牙齿，侧深裂片扇形，不等三裂稍超过中部，两面无毛，脉及边缘被短柔毛；叶柄长 8～15cm，被反曲的短柔毛，基部具鞘。总状花序有 3～5 花；花梗长 2～7mm；小苞片生花梗中部或中部之上，线形；萼片淡黄蓝紫色，外面密被短柔毛，上萼片镰刀形或船状镰刀形，下缘长 1.4～1.8cm，侧萼片斜倒卵形；花瓣无毛，瓣片极短，下部裂成 2 条小丝，距头形，稍向前弯；花丝疏被短毛，全缘；心皮 5，子房密被白色短柔毛。蓇葖果长 0.9～1.3cm；种子倒卵形，具 3 条纵棱。花期 7～8 月，果期 9 月。

【分布与生境】 生长在海拔 2000～2500 米间山地草坡，昭苏县境内均有分布。

【成分】 含多种生物碱。

【功能主治】 辛、苦、大热、有毒。散风寒、除湿止痛。治风湿性关节炎，跌打损伤，腰脚冷痛。

准噶尔乌头

【药材名】草乌

【来源】为毛茛科（Ranunculaceae）植物准噶尔乌头 *Aconitum soongoricum* Stapf.

【形态特征】多年生草本，高 50～120cm。块根通常 3～4 个，合生成链状，暗褐色。茎直立，单一，光滑。叶互生，光滑，上部叶具短柄，下部叶柄较长，长 6～10cm；叶片淡黄绿色，光滑，长圆状心脏形，长 5～8cm，宽 4～8cm，全裂，裂片楔形，再分裂为 2～3 宽或狭披针形，具大齿的小裂片。总状花序顶生；花紫色，花梗顶端大，具 2 狭披针形的苞片，密被白毛；萼片 5 个，上萼盔状，长 2cm，宽 1.5cm，具长喙，光滑或稍被毛，侧萼片卵形，宽 1.5cm，内外具毛，边缘具睫毛；下萼片不等长，外面稍有毛，里面大部分具长毛，少光滑；密腺具微弯曲的爪，距头状或膨大，下具细齿稍向上弯曲，光滑；雄蕊多数，花丝上部蓝色，花药长圆形，深色，光滑；果成熟后开裂。花期 7～8 月，果期 9 月。

【分布与生境】生于海拔 1500～2500 米的云杉林下或灌木丛中，昭苏县各乡镇均有分布。

【药用部位】块根。

【成分】含多种生物碱。

【功能主治】辛、苦，大热，有大毒。祛风散寒，止痛消肿，通经活络，麻醉。治风湿性关节炎，半身不遂，肠胃虚寒痛，牙痛，外敷有麻醉作用。

伊犁乌头

【药材名】草乌

【来源】 毛茛科（Ranunculaceae）植物伊犁乌头 *Aconitum talassicum* var. *villosulum* W. T. Wang

【形态特征】 块根约10个成链条状，狭圆锥形，长达7cm，顶部粗达7mm。茎高约32cm，下部无毛，中部以上有近开展的短柔毛和短分枝。茎下部叶在开花时枯萎，中部叶有长柄，上部叶有短柄；叶片纸质，五角形，长1.8～3.6cm，宽3.5～5.8cm，鸡足状三全裂，中央全裂片菱形，近羽状深裂，小裂片披针形、线状披针形或狭卵形，侧全裂片不等二深裂近基部，背面有极短的柔毛；叶柄长1.5～7cm，上部有短柔毛。总状花序长约8cm，约有7花；轴和花梗有开展的短柔毛；下部苞片叶状，其他的条形；花梗长1～2.2cm；小苞片，小，条形；萼片蓝色，上萼片船形，自基部至喙长约1.8cm，中部宽约6mm，侧萼片斜宽倒卵形，长约1.7cm，下萼片长约1.1cm；花瓣有少数柔毛，瓣片长约7mm，距长约1.8mm，向内弯曲；雄蕊长约6.5mm，花丝全缘或有2齿，上部有柔毛；心皮3，子房密被柔毛。花期7～8月，果期9月。

【分布与生境】 生长于高山草甸，昭苏县大洪纳海沟高山上有分布。

【成分】 含多种生物碱。

【功能主治】 辛、苦，大热，有毒。散风寒，除湿止痛。治风湿性关节炎，跌打损伤，腰脚冷痛。

林地乌头

【药材名】草乌

【来源】毛茛科（Ranunculaceae）植物林地乌头 *Aconitum nemorum* M. Pop.

【形态特征】块根长 1~3cm，粗 0.5~0.8cm，数个成链状。茎高 40~90cm，下部疏被反曲的短柔毛或几无毛，上部分枝或不分枝。茎下部叶有长柄，在开花时多枯萎。茎中部叶有稍长柄；叶片五角形，三全裂达或近基部，中央全裂片宽菱形，近羽状分裂，两面疏被短柔毛或几无毛；叶柄与叶片近等长或较短。顶生总状花序有 2~6 花，稀疏；轴和花梗疏被伸展的短柔毛；苞片线形或披针形；花梗长 0.6~1.5cm，近直展；小苞片生花梗上部，偶尔生中部，狭线形，长 3~4.5mm；萼片紫色，外面疏被伸展的短柔毛，上萼片盔形，下缘弧状弯曲，侧萼片长 1.2~1.3cm；花瓣几无毛，向后弯曲；雄蕊无毛，花丝全缘；心皮 3，无毛。花期 7~8 月，果期 9 月。

【分布与生境】生长在海拔 2000~2500 米间山地草坡或云杉林下，昭苏县境内均有分布。

【成分】含多种生物碱。

【功能主治】辛、苦、大热，有毒。散风寒，除湿止痛。治风湿性关节炎、跌打损伤、腰脚冷痛。

伊犁翠雀花

【药材名】飞燕草

【来源】 毛茛科（Ranunculaceae）植物伊犁翠雀花 *Delphinium iliense* Huth.

【形态特征】 多年生草本，茎高 20～80cm，疏被平展或稍向下斜展的白色硬毛，通常不分枝。基生叶数个，有长柄，茎生叶常 1～4 个，有较短柄；叶片肾形或近五角形，三深裂稍超过中部，中央深裂片菱形或楔状菱形，三浅裂，有卵形疏牙齿，侧深裂片斜扇形，两面疏被糙毛；叶柄长，被毛。总状花序有 5～12 花；轴无毛或下部疏被糙毛；基部苞片三裂或披针形，其他苞片较小，狭披针形，边缘有平展的白色长毛；花梗无毛；小苞片狭披针形或线状倒披针形，边缘疏被白色长毛；萼片蓝紫色，上萼片卵形，其他萼片倒卵形，无毛或顶端疏被缘毛，距圆筒状钻形，与萼片近等长；花瓣黑色，近无毛；退化雄蕊黑色，瓣片宽卵形，二浅裂，上部疏被长缘毛，腹面有黄色髯毛；雄蕊无毛。心皮 3，近无毛。种子只沿棱有翅。花期 6～7 月，果期 7～8 月。

【分布与生境】 生于海拔 2000～3000 米的山坡草原中，昭苏县境内均有分布。

【药用部位】 茎枝。

【成分】 含生物碱、黄酮类、有机酸。

【功能主治】 苦、寒，有毒。祛风燥湿，止痛定惊，泻火止痛，杀虫。大肠湿热、泻痢脓血、里急后重、三焦湿热症。

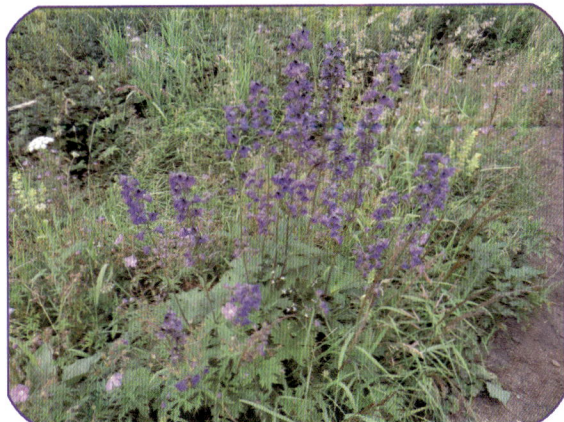

天山翠雀花

【药材名】飞燕草

【来源】毛茛科（Ranunculaceae）天山翠雀花 *Delphinium tianshanicum* W. T. Wang.

【形态特征】多年生草本，茎高 60～115cm，被稍向下斜展的白色硬毛。基生叶与茎下部叶有长柄；叶片五角状肾形，三深裂，中央深裂片菱状倒梯形或宽菱形，急尖；中部叶三浅裂，有少数锐牙齿，侧深裂片斜扇形，两面被稍密的糙伏毛。顶生总状花序有 8～15 花；轴和花梗密被反曲的短糙伏毛；基部苞片三裂，其他苞片披针状线形，小苞片线形或披针状线形，背面有短糙伏毛；萼片脱落，蓝紫色，卵形或倒卵形，外面密被短糙伏毛，距圆筒状钻形，基部粗约 3mm，瓣黑色，微凹；退化雄蕊黑色，瓣片近卵形，二裂，上部有长缘毛；雄蕊无毛；心皮 3，子房密被短糙伏毛。种子倒圆锥状四面体形，密生成层排列的鳞状横翅。花期 6～7 月，果期 7～8 月。

【分布与生境】生于海拔 2000～3000 米的山坡草原中，昭苏县境内均有分布。

【药用部位】全草。

【成分】暂无记录。

【功能主治】苦，寒，有毒。祛风燥湿，止痛定惊，泻火止痛，杀虫。大肠湿热，泻痢脓血，里急后重，三焦湿热症。

乳突拟耧斗菜

【药材名】假耧斗菜

【来源】毛茛科（Ranunculaceae）植物乳突拟耧斗菜 *Paraquilegia anemonoides*（Willd.）Ulbr.

【形态特征】根状茎粗壮，有时在上部分枝，生出数丛枝叶。叶多数，为一回三出复叶，无毛；叶片轮廓三角形，小叶近肾形，三全裂或三深裂，一回中裂片楔状宽倒卵形，顶端三浅裂或具 3 个粗圆齿，一回侧裂片斜卵形，二回裂片具 1~2 个粗圆齿，表面绿色，背面浅绿色；叶柄长 1.5~6cm。花葶 1 至数条，比叶高；苞片 2 枚，生于花下，不分裂，倒披针形，或三全裂，长 5~9mm，基部有膜质鞘；花直径 2cm 或更大；萼片浅蓝色或浅堇色，宽椭圆形至倒卵形，顶端钝；花瓣倒卵形，顶端微凹；花药长约 1mm，花丝长 3~8mm；心皮通常 5 枚，无毛。蓇葖果直立，基部有宿存萼片；种子少数，长椭圆形至椭圆形，长 1.6~2mm，灰褐色，表面密被乳突状的小疣状突起。花期 6~7 月，果期 8 月。

【分布与生境】生于海拔 2600~3400 米间的山地岩石缝或山区草原中，昭苏县各山区均有分布。

【药用部位】叶。

【成分】生物碱。

【功能主治】微苦、辛、甘，平。祛风湿，止痛。用于跌打损伤，胎衣不下，下死胎。

暗紫楼斗菜

【药材名】楼斗菜

【来源】毛茛科（Ranunculaceae）植物暗紫楼斗菜 *Aquilegia atrovinosa* M. Pop.

【形态特征】多年生草本，根细长圆柱形，粗 4～8mm，不分枝，外皮暗褐色。茎单一，直立，有纵槽，基部粗 3～5.5mm，被伸展的短柔毛。基生叶少数，为二回三出复叶；叶片轮廓宽卵状三角形，中央小叶倒卵状楔形，顶端三浅裂，浅裂片有 2～3 个粗圆齿，侧面小叶斜倒卵状楔形，不等二浅裂，表面绿色，无毛，背面粉绿色，被极稀疏的长柔毛或近无毛；叶柄长 8～19cm，被伸展的柔毛，基部变宽成鞘。茎生叶少数，具短柄。花 1～5 朵；苞片线状披针形，长达 1.6cm；萼片深紫色，狭卵形，外面被微柔毛，顶端钝尖；花瓣与萼片同色，末端弯曲；退化雄蕊白色，膜质，长约 5.5mm；雄蕊约与瓣片等长，花药宽椭圆形，黄色；子房密被毛。蓇葖果长 1.5～2.5cm。花期 6～7 月，果期 8～9 月。

【分布与生境】生长于海拔 1800～3000 米的山地林下、河谷，昭苏县各山区均有分布。

【药用部位】全草。

【成分】含生物碱。

【功能主治】苦，凉，有小毒。清热凉血，调经止痛，止痢。治月经不调，痢疾。

箭头唐松草

【药材名】马尾黄连

【来源】毛茛科（Ranunculaceae）植物箭头唐松草 *Thalictrum simplex* L.

【形态特征】多年生草本，茎高50～100cm，不分枝或在下部分枝。茎生叶向上近直展，为二回羽状复叶；茎下部的叶片长达20cm，小叶较大，圆菱形、菱状宽卵形或倒卵形，基部圆形，三裂，裂片顶端钝或圆形，有圆齿，脉在背面隆起，脉网明显，茎上部叶渐变小，小叶倒卵形或楔状倒卵形，基部圆形、钝或楔形，裂片顶端急尖；茎下部叶有稍长柄，上部叶无柄。圆锥花序，分枝与轴成45度角斜上层；萼片4，早落，狭椭圆形；雄蕊约15，长约5mm，花药狭长圆形，长约2mm，顶端有短尖头，花丝丝形；心皮3～6，无柄，柱头宽三角形。瘦果狭椭圆球形或狭卵球形，有8条纵肋，无毛，喙短直或外弯。花期5～6月，果期7～8月。

【分布与生境】生海拔1400～2400米间山地、草坡或沟边。昭苏县境内均有分布。

【药用部位】根、根茎。

【成分】含多种生物碱。

【功能主治】苦，寒。主治黄疸，痢疾，哮喘，麻疹合并肺炎，鼻疳眉赤，热疮。

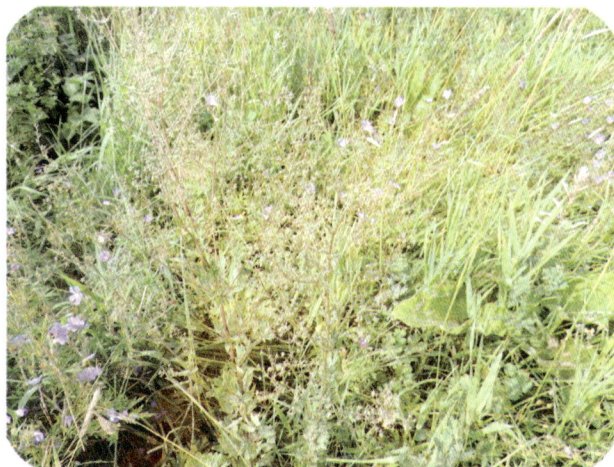

大花银莲花

【药材名】银莲花

【来源】毛茛科（Ranunculaceae）植物大花银莲花 *Anemone silvestris* L.

【形态特征】多年生草本，植株高 18～50cm。根状茎垂直或稍斜。基生叶 3～9，有长柄；叶片心状五角形，三全裂，中全裂片近无柄或有极短柄，菱形或倒卵状菱形，三裂近中部，二回裂片不分裂或浅裂，有稀疏牙齿，侧全裂片斜扇形，二深裂，表面近无毛，背面沿脉疏被短柔毛；叶柄长 4～21cm，有柔毛。花葶 1，直立；苞片 3，有柄，稍不等大，似基生叶，但较小，基部截形或圆形；花梗 1，有短柔毛；萼片 5，白色，倒卵形，外面密被绢状短柔毛；雄蕊长约 4mm，花药椭圆形，顶端有小短尖头，花丝丝形；花托近球形，与雄蕊等长；心皮 180～240，长约 1mm，子房密被短柔毛，柱头球形，无柄。聚合果，瘦果，有短柄，密被长绵毛。花期 6～7 月，果期 8～9 月。

【分布与生境】生长在山谷草坡或桦树林边、草原，昭苏县境内均有分布。

【药用部位】全草。

【成分】三萜皂苷、内酯、黄酮等。

【功能主治】苦，寒。清热除湿，活血，抗肿瘤，抗炎、镇痛、抗惊厥等。治寒痞，食积，瘰疬，黄水疮。

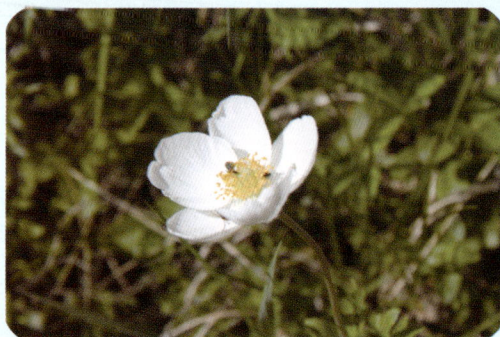

天山银莲花

【药材名】银莲花

【来源】毛茛科（Ranunculaceae）植物天山银莲花 *Anemone narcissiflora* var. *turkestanica* Schipez.

【形态特征】多年生草本，植株高 29～37cm。有根状茎，长约 6cm。基生叶 7～9，有长柄，叶片圆肾形，长 3.7～4.6cm，宽 5～6.8cm，基部心形，全裂，末回裂片宽披针形或狭卵形。背面密被紧贴的长柔毛，边缘有密睫毛；叶柄长 10～20cm，有贴生或近贴生的长柔毛。花葶直立，有与叶柄相同的柔毛；苞片约 4，无柄，菱形或宽菱形，三深裂，或倒披针形，不分裂，顶端有 3 齿；伞辐 2～5，长 1～7cm，有柔毛；萼片 5，白色，倒卵形，长 1.2～1.5cm，宽 6～10mm，外面有短柔毛；雄蕊长 2～4mm，花药椭圆形，心皮无毛。花期 6～7 月，果期 8～9 月。

【分布与生境】生长于山地草坡，昭苏县境内均有分布。

【药用部位】全草。

【成分】三萜皂苷、内酯、黄酮等。

【功能主治】苦，寒。清热除湿、活血、抗肿瘤、抗炎、镇痛、抗惊厥等。治寒痞，食积，瘰疬，黄水疮。

小花草玉梅

【药材名】草玉梅

【来源】毛茛科（Ranunculaceae）小花草玉梅 *Anemone rivularis* var. *Flore – minore* Maxim.

【形态特征】多年生草本，植株高 15～65cm。根状茎木质，垂直或稍斜，粗 0.8～1.4cm。基生叶 3～5，有长柄；叶片肾状五角形，三全裂，中全裂片宽菱形或菱状卵形，有时宽卵形，三深裂，深裂片上部有少数小裂片和牙齿，侧全裂片不等二深裂，两面都有糙伏毛；叶柄有白色柔毛，基部有短鞘。花葶直立；聚伞花序；苞片有柄，近等大，似基生叶，宽菱形，三裂近基部，一回裂片多少细裂，柄扁平，膜质；萼片白色，倒卵形或椭圆状倒卵形，外面有疏柔毛，顶端密被短柔毛；雄蕊长约为萼片之半，花药椭圆形，花丝丝形；心皮 30～60，无毛，子房狭长圆形，有拳卷的花柱。瘦果狭卵球形，稍扁，长 7～8mm，宿存花柱钩状弯曲。花期 6～7 月，果期 8～9 月。

【分布与生境】生山地草坡、小溪边或湖边，昭苏县境内均有分布。

【药用部位】根状茎和叶。

【成分】含皂苷类、黄酮类、香豆素类、有机酸类和挥发油。

【功能主治】苦，凉。解毒止痢，舒筋活血。用于痢疾，疮疖痈毒，跌打损伤。

蒙古白头翁

【药材名】 白头翁

【来源】 毛茛科（Ranunculaceae）植物蒙古白头翁 *Pulsailla ambigua* Turcz.

【形态特征】 多年生草本，植株高 16～22cm。根状茎粗 5～8mm。基生叶 6～8，有长柄；叶片卵形，三全裂，一回中全裂片有细柄，宽卵形，又三全裂，二回中全裂片有细柄，五角形，二回细裂，末回裂片披针形，有 1～2 小齿，二回侧全裂片和一回侧全裂片相似，都无柄，表面近无毛，背面有稀疏长柔毛；花葶 1～2，直立，有柔毛；苞片 3，基部合生成长约 2mm 的短筒，裂片披针形或线状披针形，全缘或有 1～2 小裂片，背面有柔毛；花梗长约 4cm，结果时长达 16cm；花直立；萼片紫色，长圆状卵形，顶端微尖，外面有密绢状毛；雄蕊长约为萼片 1/2。聚合果瘦果卵形或纺锤形，有长柔毛，宿存花柱长 2.5～3cm，下部有向上斜展的长柔毛，上部有近贴伏的短柔毛。花期 5～6 月，果期 7～8 月。

【分布与生境】 生长于海拔 1800～3000 米的山地草甸或林缘。昭苏县各山区均有分布。

【药用部位】 根。

【成分】 皂苷、白头翁素、挥发油。

【功能主治】 苦，寒。清热解毒，凉血止痢。治细菌性痢疾，湿热带下，淋巴结核，鼻衄，血痔。

西伯利亚铁线莲

【药材名】木通

【来源】毛茛科（Ranunculaceae）植物西伯利亚铁线莲 *Clematis sibirica*（L.）Mill.

【形态特征】多年生亚灌木，长达3米。根棕黄色，直深入土中。茎圆柱形，光滑无毛，当年生枝基部有宿存的鳞片，外层鳞片三角形，革质，顶端锐尖，内层鳞片膜质，长方椭圆形，顶端常3裂，有稀疏柔毛。二回二出复叶，小叶片或裂片9枚，卵状椭圆形或窄卵形，纸质，顶端渐尖，基部楔形或近于圆形，两侧的小叶片常偏斜，顶端及基部全缘，中部有整齐的锯齿，两面均不被毛，叶脉在表面不显，在背面微隆起；小叶柄短或不显，微被柔毛；叶柄有疏柔毛。单花，花基部有密柔毛，无苞片；花钟状下垂；萼片4枚，淡黄色，长方椭圆形或狭卵形，质薄，脉纹明显，外面有稀疏短柔毛，内面无毛；退化雄蕊花瓣状，长仅为萼片1/2，条形，顶端较宽成匙状，钝圆，花丝扁平，中部增宽，两端渐狭，被短柔毛，花药长方椭圆形，内向着生，药隔被毛；子房被短柔毛，花柱被绢状毛。瘦果倒卵形，微被毛，宿存有黄色柔毛。花期6~7月，果期7~8月。

【分布与生境】生长于林边、路边及云杉林下。昭苏县境内均有分布。

【药用部位】茎

【成分】氨基酸、蛋白质、有机酸、酚类、生物碱、黄酮类等物质。

【功能主治】苦，微寒。清热利水，通经活络，利尿消肿，下乳。用于尿路感染，小便不利，腹胀，便闭，外用治关节肿痛，虫蛇咬伤。

粉绿铁线莲

【药材名】 木通

【来源】 毛茛科（Ranunculaceae）植物粉绿铁线莲 *Clematis glauca* Willd.

【形态特征】 多年生草质藤本。茎纤细，有棱。一至二回羽状复叶；小叶有柄，2~3全裂或深裂、浅裂至不裂，中间裂片较大，椭圆形或长圆形、长卵形，长1.5~5cm，宽1~2cm，基部圆形或圆楔形，全缘或有少数牙齿，两侧裂片短小。常为单聚伞花序，3花；苞片叶状，全缘或2~3裂；萼片4，黄色，或外面基部带紫红色，长椭圆状卵形，顶端渐尖，长1.3~2cm，宽5~8mm，瘦果卵形至倒卵形，宿存花柱长4cm。花期6~7月，果期8~9月。

【分布与生境】 生长于海拔1200~2200米的沟边、路旁或湿地。昭苏县境内均有分布。

【药用部位】 全草。

【成分】 氨基酸、蛋白质、有机酸、酚类、生物碱、黄酮类等物质。

【功能主治】 辛，温。能祛风除湿，通络止痛。治慢性风湿性关节炎、关节疼痛，疮疖熬膏外敷，枝叶水煎外洗，可止瘙痒症。

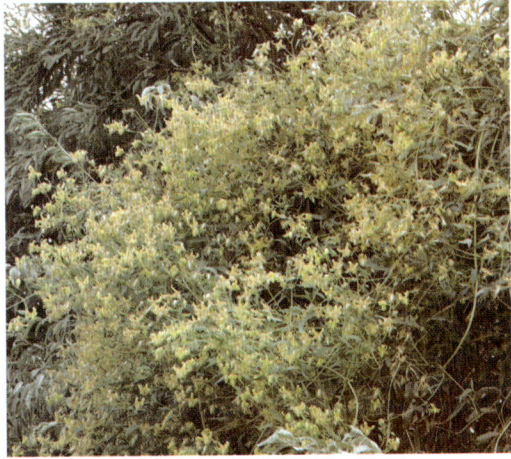

厚叶美花草

【药材名】重叶莲

【来源】毛茛科（Ranunculaceae）植物厚叶美花草 *Callianthemum chysocyaths* Freyn .

【形态特征】植株全体无毛。根状茎粗 3～4mm。茎渐升或近直立，长 8～20cm，不分枝或有 1 分枝。基生叶 3～4，在开花时尚未完全发育；有长柄，为三回羽状复叶；叶片亚革质，狭卵形或卵状长圆形，羽片 4～5 对；最下面的有细长柄，其他的有短柄，卵形或宽卵形，二回羽片 1～2 对，无柄，末回裂片楔状倒卵形，有 1 钝齿或全缘，叶柄基部有鞘。茎生叶 2～3，似基生叶，但较小。花直径 1.7～2.5cm；萼片 5，近椭圆形；花瓣 5～7，白色，基部橙色，倒卵形，顶端圆形；雄蕊长约为花瓣之半，花药狭长圆形。聚合果近球形，直径 1～1.2cm；瘦果卵球形，表面稍皱，宿存花柱短。花期 5～6 月，果期 7～8 月。

【分布与生境】生长于海拔 2650～3400 米间山地草坡或山谷中，昭苏县各山区均有分布。

【药用部位】全草。

【成分】生物碱，氨基酸等。

【功能主治】苦、辛，凉。清热解毒。治小儿肺炎。

金黄侧金盏花

【药材名】福寿草

【来源】毛茛科（Ranunculaceae）植物金黄侧金盏花 *Adonis chrysocyaths* Hook. f. et Thoms.

【形态特征】多年生草本，有长根状茎。茎高达40cm，不分枝，基部有鞘状鳞片。茎下部有长柄，上部叶无柄；叶片卵状五角形，长3.5~5cm，宽3~4.5cm，三回羽状全裂，末回裂片卵状菱形或近披针形，基部楔形，顶端急尖，表面无毛，背面幼时有短曲柔毛，叶柄长达15cm。花单生；花梗短，有短柔毛；萼片6~8，淡紫色，卵形，长约1.5cm，宽6~7mm，外面有短柔毛，顶端有不等大的小齿；花瓣16~24，黄色，倒披针形，长2~2.8cm，宽8~10mm，钝。聚合果球形，直径约1cm；瘦果长5~7mm，无毛，有向内弯的长宿存花柱。花期5~6月，果期7~8月。

【分布与生境】生长于海拔2200~2600米高山草坡。昭苏县大洪纳海沟高山上有分布。

【药用部位】根或全草。

【成分】福寿草苷、大麻苷、毒毛旋花子苷、侧金盏花毒苷、黄酮类化合物。

【功能主治】苦，平，有小毒。强心利尿，镇静。治心悸，充血性心力衰弱等症。

宽瓣毛茛

【**药材名**】毛茛

【**来源**】毛茛科（Ranunculaceae）宽瓣毛茛 *Ranunculus allbertii* Regel et Schmalh.

【**形态特征**】根状茎短，簇生多数须根。茎直立，单一或有 1 ~ 2 分枝，上部，宽稍大于长，基部圆截形或浅心形，不分裂，边缘有圆齿，无毛或疏生缘毛；叶柄生白柔毛或无毛，基部有宽鞘。茎生叶 2 ~ 3 枚，掌状中裂，裂片长圆形，顶端钝或稍尖，大多无毛，基部呈鞘状抱茎；上部叶无柄，叶片较小，3 ~ 5 深裂，裂片线状披针形。宽瓣毛茛花单生茎顶，花梗与萼片外面散生白色或浅黄色柔毛；萼片宽卵形，带紫色；花瓣 5 ~ 8，宽倒卵形，顶端截圆形或有 1、2 个凹缺，基部有短宽的爪，蜜槽呈棱形袋状；花药长圆形，花丝稍长于花药；花托生白色细柔毛。聚合果卵球形；瘦果卵球形，无毛，背腹纵肋不明显，喙短直或稍弯。花果期 4 ~ 9 月。

【**分布与生境**】生于田沟旁和林缘路边的湿草地上，海拔 1500 ~ 2500 米。昭苏县境内均有分布。

【**药用部位**】全草。

【**成分**】毛茛苷、滨蒿内酯、毛茛苷元、黄酮类、皂苷、生物碱等。

【**功能主治**】辛，温，有毒。退黄定喘，截疟，镇痛，消翳。治黄疸，哮喘，疟疾，偏头痛，牙痛，风湿性关节痛，目生翳膜，瘰疬，痈疮肿毒。

毛　茛

【药材名】毛茛

【来源】毛茛科（Ranunculaceae）植物毛茛 *Ranunculus japonicus* Thunb.

【形态特征】多年生草本。须根多数簇生。茎直立，中空，有槽，具分枝，生开展或贴伏的柔毛。基生叶多数；叶片圆心形或五角形，基部心形或截形，通常 3 深裂不达基部，中裂片倒卵状楔形或宽卵圆形或菱形，3 浅裂，边缘有粗齿或缺刻，侧裂片不等 2 裂，两面贴生柔毛，下面或幼时的毛较密；叶柄长达 15cm，生开展柔毛。下部叶与基生叶相似，渐向上叶柄变短，叶片较小，3 深裂，裂片披针形，有尖齿牙或再分裂；最上部叶线形，全缘，无柄。聚伞花序有多数花，疏散；花梗长达 8cm，贴生柔毛；萼片椭圆形，生白柔毛；花瓣 5，倒卵状圆形，基部有长约 0.5mm 的爪，蜜槽鳞片；花托短小，无毛。聚合果近球形，瘦果扁平，上部最宽处与长近相等，约为厚的 5 倍以上，边缘有宽约 0.2mm 的棱，无毛，喙短直或外弯。花果期 4～9 月。

【分布与生境】生于田沟旁和林缘路边的湿草地上，海拔 1500～2500 米。昭苏县境内均有分布。

【药用部位】全草。

【成分】毛茛苷、滨蒿内酯、毛茛苷元、黄酮类、皂苷、生物碱等。

【功能主治】辛，温，有毒。退黄定喘，截疟，镇痛，消翳。治黄疸，哮喘，疟疾，偏头痛，牙痛，风湿性关节痛，目生翳膜，瘰疬，痈疮肿毒。

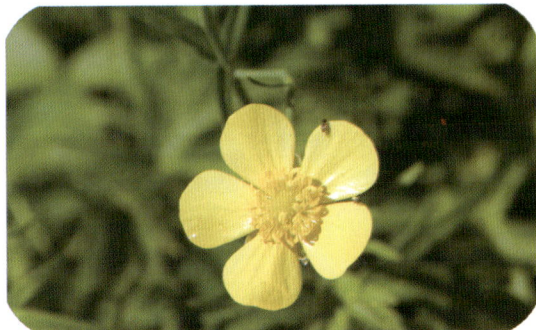

鸦跖花

【药材名】鸦跖花

【来源】毛茛科（Ranunculaceae）植物鸦跖花 *Oxygraphis glacialis*（Fisch.）Bge.

【形态特征】多年生草本，高 2～9cm。叶全部基生，叶片卵形、倒卵形至长圆形，长 6～20mm，宽 5～25mm，质地较厚，全缘，常有骨质边缘；叶柄较宽扁，长 1～4cm。花葶 1～3，花单生，直径 1.5～3cm，萼片宽倒卵形，长 4～10mm，近革质，宿存；花瓣长 7～15mm，为宽的 3～4 倍，披针形或长圆形；花托宽扁，无毛。花期 5～6 月，果期 7～8 月。

【分布与生境】生于海拔 2600～4000 米的高山草甸、高山灌丛、石砾草坡、水边草地，昭苏县木扎特沟有分布。

【药用部位】全草。

【功能主治】辛、苦，温。祛风散寒通络，宣通鼻窍。用于外感风寒证、风寒湿痹、鼻渊。

水葫芦苗

【药材名】水葫芦苗

【来源】毛茛科（Ranunculaceae）植物水葫芦苗 *Halerpestes sarmentosa*（Adans）Kom.

【形态特征】多年生草本，具匍匐茎。叶均基生，叶片近圆形、肾形或宽卵形，长0.4~2.5cm，宽0.4~2.8cm，3或5浅裂，有时3裂近中部，基部宽楔形、截形或心形，基出脉3条；叶柄长3~13cm。花茎高4.5~16cm；苞片条形；花径约7mm；萼片5，淡绿色，宽椭圆形，无毛；花瓣5，黄色，狭椭圆形，基部具蜜槽；雄蕊和心皮均多数。聚合果卵球形，长达6mm；瘦果紧密排列，扁，具纵肋。花果期4~9月。

【分布与生境】生于水沟边潮湿地带，或海边、河边盐碱性沼泽地。昭苏县境内均有分布。

【药用部位】全草。

【功能主治】甘、淡，寒。利水消肿，祛风除湿。治关节炎，水肿。

块根赤芍

【药材名】 赤芍

【来源】 毛茛科（Ranunculaceae）植物块根赤芍 *Paeonia hybrida* Pall.

【形态特征】 多年生草本。块根纺锤形或近球形，直径 1.2～3cm。茎高 50～70cm，无毛。叶为一至二回三出复叶，叶片轮廓宽卵形；小叶成羽状分裂，裂片线状披针形至披针形，顶端渐尖，全缘，表面绿色，背面淡绿色，两面均无毛；叶柄长 1.5～9cm。花单生茎顶；苞片 3，披针形至线状披针形，萼片 3，宽卵形，长 1.5～2.5cm，带红色，顶端具尖头；花瓣约 9，紫红色，长圆形，顶部啮蚀状；花丝长 4～5mm，花药长圆形；花盘发育不明显；心皮 2～3，幼时被疏毛或无毛。蓇葖果无毛；种子黑色。花期 5～6 月，果期 8 月。

【分布与生境】 生长于海拔 1100～1700 米间的山坡草地及林下阴湿处。昭苏县大洪纳海沟有分布。

【药用部位】 根。

【成分】 牡丹酚、花青素、芍药苷、挥发油、生物碱、芳香油。

【功能主治】 酸、苦，微寒。活血化瘀，解毒消肿。治胸胁疼痛、月经不调、脉管炎、急性乳腺炎。

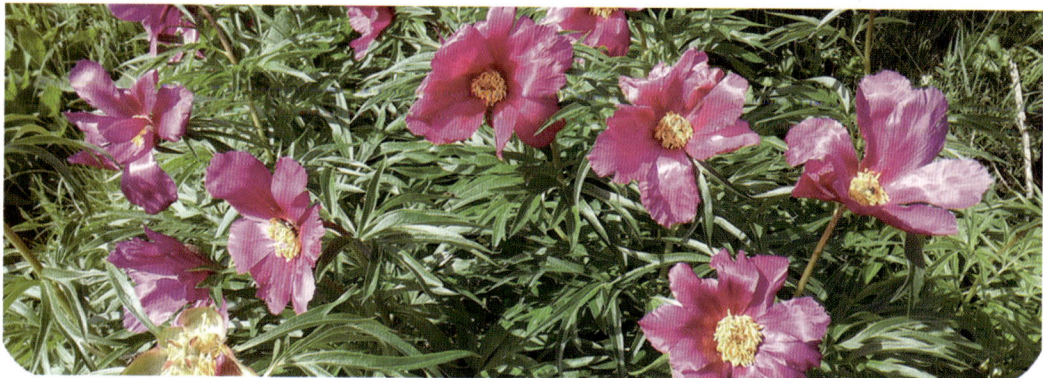

24　小檗科

黑果小檗

【药材名】刺黄柏

【来源】小檗科（Berberidaceae）植物黑果小檗 *Berberis heteropoda* Schrenk.

【形态特征】常绿灌木，高 1~2 米。枝棕灰色或棕黑色，具条棱或槽，散生黑色疣点；茎刺三分叉，淡黄色，腹面扁平。叶厚纸质，披针形或长圆状椭圆形，先端急尖，基部楔形，上面深绿色，有光泽，中脉凹陷，背面淡绿色，中脉明显隆起，两面侧脉和网脉微显，不被白粉；叶缘平展或微向背面反卷，每边具 5~10 刺齿，偶有近全缘；具短柄。花 3~10 朵簇生；花梗长 5~10mm，光滑无毛，带红色；花黄色；萼片 2 轮，外萼片长圆状倒卵形，内萼片倒卵形；花瓣倒卵形，先端圆形，深锐裂，基部楔形，具 2 枚分离腺体；雄蕊长约 4mm；胚珠 2 枚，无柄或具短柄。不被白粉。落叶灌木，高 1.5~2 米，茎直立，多分枝。根粗长，黄色。叶簇生于短枝；叶片倒卵形，全缘或有细锯齿；小枝和短枝基部外侧常有三叉的一长两短的硬刺。总状花序稀疏，花小，6 数，花橙黄色，倒卵形或球形。浆果黑色，卵状，顶端具明显宿存花柱，被蜡粉。花期 4 月，果期 5~9 月。

【分布与生境】生于山地、低山河谷两岸，昭苏县各山区均有分布。

【药用部位】根皮。

【成分】小檗碱、棕榈碱、亚油酸。

【功能主治】苦，寒。清热燥湿，泻火解毒。治痢疾，肠炎，咽炎，口腔炎，湿疹，疖肿。

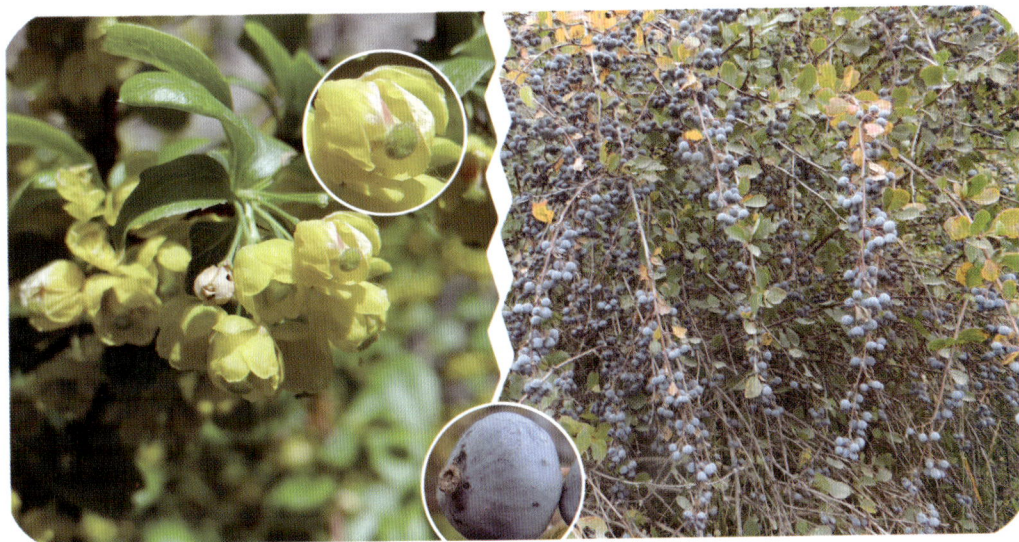

25　罂粟科

新疆海罂粟

【药材名】海罂粟

【来源】罂粟科（Papaveraceae）植物新疆海罂粟 *Glaucium squamigerum* Kar. et Kir.

【形态特征】二年生或多年生草本，高 20～40cm。主根圆柱状，延长，茎 3～5，直立，不分枝，疏生白色皮刺。基生叶多数，叶片轮廓狭倒披针形，大头羽状深裂，下部裂片三角形，上部裂片宽卵形、宽倒卵形或近圆形，边缘具不规则的锯齿或圆齿，齿端具软骨质的短尖头，两面灰绿色，幼时被皮刺，老时光滑；叶柄扁平，基部鞘状，密集覆盖于茎基部，具皮刺或光滑；茎生叶 1～3，羽状分裂或二回羽状 3 裂，裂片顶端具软骨质尖头，具皮刺或光滑；叶柄无或具短柄。花单个顶生，花梗圆柱形，被皮刺或光滑；苞片羽状 3～5 深裂；花芽卵圆形，先端锐尖，边缘膜质，外面被多数鳞片状皮刺；花瓣近圆形或宽卵形，金黄色；花丝丝状，花药长圆形；子房圆柱形，密被刺状鳞片，柱头 2 裂，无柄。蒴果线状圆柱形，具稀疏的刺状鳞片，成熟时自基部向先端开裂；果梗粗壮，具多数种子。种子肾形，种皮呈蜂窝状，黑褐色。花果期 5～9 月。

【分布与生境】生于荒漠或干旱山坡，昭苏县各山区均有分布。

【药用部位】全草。

【成分】生物碱。

【功能主治】甘，平。镇痛，止咳平喘，抗腹泻。

野罂粟

【药材名】野罂粟

【来源】罂粟科（Papaveraceae）植物野罂粟 *Papaver nudicaule* L.

【形态特征】株高 20～50cm，具乳汁，全体被粗毛。叶基生，具长柄；叶片轮廓卵形或长卵形、狭卵形或披针形，先端钝圆，两面疏生微硬毛。花单独顶生。萼片 2，广卵形，被棕灰色硬毛，花开后脱落。花瓣 4，橘黄色，倒卵形至宽倒卵形，具微波状缺刻。雄蕊多数，花丝丝状；子房具棱，柱头 5～9 裂。蒴果，狭倒卵形，密被紧贴的刚毛，顶孔开裂。种子细小，多数。花果期 5～9 月。

【分布与生境】生于海拔 1200～3500 米的林下、林缘、山坡草地。昭苏县各山区均有分布。

【药用部位】花、果实及全草。

【成分】暂无记录。

【功能主治】酸、涩、微苦，微寒，有毒。镇痛，敛肺止咳，止泻固涩。治神经性头痛，偏头痛，胃痛，痛经，久咳，喘息，慢性肠炎，泻痢，便血，遗精，白带。

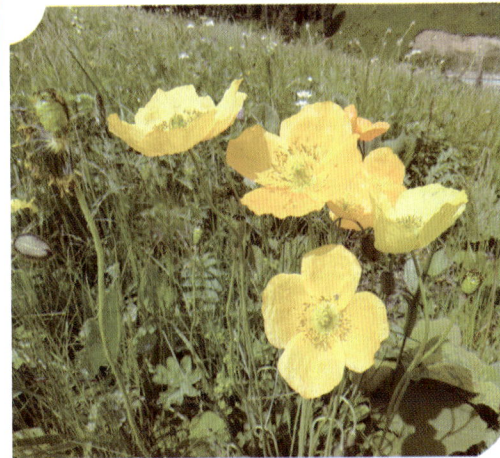

烟堇

【药材名】夏特勒

【来源】罂粟科（Papaveraceae）植物烟堇 *Fumaria schlerisoy* Soy. – Wil.

【形态特征】一年生草本，高 10～40cm，直立至铺散，无毛。主根圆柱形，具侧根和纤维状细根。茎自基部多分枝，具纵棱，基生叶少数，叶片多回羽状分裂，小裂片线形至线状披针形，叶柄基部具短鞘；茎生叶多，与基生叶同形，但具短柄。总状花序顶生和对叶生，多花，密集排列，具明显的花序梗；苞片钻形；花梗细。萼片卵形，具不规则的缺刻状齿，早落；花瓣粉红色或紫红色，花瓣片膜质，先端圆钝或稀微缺刻，绿色带紫，背部具暗紫色的鸡冠状突起，末端下弯，下花瓣舟状狭长圆形，先端绿色带紫，边缘开展，内花瓣匙状长圆形，先端具圆尖突，上部暗紫色；雄蕊束长 3.5～4mm，花药极小；子房卵形，长约 1mm，花柱细，柱头具 2 乳突。果序长 2～3cm；坚果近球形至倒卵形，直径 1.5～2mm，具皱纹；果梗长 3～4mm，比苞片长 2～3 倍。花果期 5～9 月。

【分布与生境】生于海拔 1200～2200 米的耕地、果园、村边、路旁或石坡。昭苏县境内均有分布。

【药用部位】全草。

【功能主治】辛，苦，微寒。清热凉血，散瘀。治高血压头晕，皮肤疹块。

新疆黄堇

【药材名】紫堇

【来源】罂粟科（Papaveraceae）植物新疆黄堇 *Corydalis gortschakovii* Schrenk.

【形态特征】多年生丛生草本，高 10~80cm。主根粗大，具多头根茎。根茎上部具棕色鳞片和叶柄残基。茎具棱，不分枝或少分枝。基生叶多数，稍低于茎；叶柄约与叶片等长，基部鞘状宽展；叶片长圆形，二回羽状全裂，一回羽片 4~5 对，具短柄；二回羽片 3~5 枚，近无柄，卵圆形至宽卵形，羽状分裂，裂片倒卵形，近具短尖。茎生叶与基生叶同形，有时近一回羽状全裂。总状花序多花密集，近穗状圆柱形。苞片叶状或倒卵状楔形，羽状分裂，上部的近披针形，全缘。萼片小，具齿，花冠橙黄色。外花瓣具高而伸出瓣片顶端的鸡冠状突起。上花瓣较宽展，渐尖；距圆筒形，约与瓣片等长；蜜腺体约贯穿距长的 1/2。下花瓣基部多少呈浅囊状。内花瓣近匙形，具鸡冠状突起；爪较宽展，约与瓣片等长。雄蕊束近长圆形，渐尖，具 3 脉。子房长圆形，约与花柱等长；柱头扁四方形，顶端圆钝，微凹，具 2 短柱状突起，两侧基部下延。蒴果下弯，长圆形，具 2 列种子。种子 8~10 枚，黑亮。花期 5 月，果期 6~7 月。

【分布与生境】生长于海拔 2000~3000 米左右的云杉林缘或多石阴湿地，昭苏县各山区均有分布。

【药用部位】全草。

【功能主治】苦，寒，有毒。清热利湿，解毒杀虫。治湿热泄泻，痢疾，疮毒，耳赤肿痛。

26　十字花科

长圆果菘蓝

【药材名】板蓝根、大青叶

【来源】十字花科（Cruciferae）植物长圆果菘蓝 *Isatis oblongata* DC.

【形态特征】二年生草本，高30~70cm，茎直立，分枝，无毛。茎下部叶柄长1~2cm；叶片卵状披针形，先端圆形，基部渐狭，全缘，两面无毛；茎生叶披针形，先端急尖，基部箭形，抱茎，全缘，中脉显著。总状花序顶生；萼片长圆形；花瓣黄色，长圆形；雄蕊6，4长2短；雌蕊1，子房圆柱形，花柱界限不明，柱头平截。短角果长圆形，先端短钝尖，两侧渐窄，中部以上较宽，无毛，中肋显著隆起，两侧脉不显著，有纵条纹。种子长椭圆形，黑棕色。花果期5~7月。

【分布与生境】生长在草原及荒漠草原带的山坡上，昭苏县境内均有分布。

【药用部位】根、叶。

【成分】根含靛蓝、靛玉红、蒽醌类、β-谷甾醇、氨基酸等。

【功能主治】苦，寒。清热解毒。用于肺热外感、咳嗽、咽喉肿痛、伤寒、口腔炎及鼻衄、菌痢。

遏蓝菜

【药材名】菥蓂

【来源】十字花科（Cruciferae）植物遏蓝菜 *Thlaspi arvense* L.

【形态特征】一年或两年生草本，全株无毛，茎不分枝或少分枝。基生叶早枯萎，倒卵状矩圆形，有柄；茎生叶倒披针形或矩圆状披针形，先端圆钝，基部箭形，抱茎，两面无毛，无柄。总状花序顶生或腋生；花小，白色；萼片4，近椭圆形；花瓣4，瓣片矩圆形，下部渐狭成爪。短角果近圆形或倒宽卵形，扁平，周围有宽翅，顶端深凹缺，开裂，每室有种子2~8粒。种子宽卵形，棕褐色，表面有颗粒状环纹。花果期5~7月。

【分布与生境】生于山地草甸、沟谷、村旁、田边，昭苏县境内均有分布。

【药用部位】种子、全草。

【成分】含黑芥子苷、脂肪油、挥发油、蔗糖、卵磷脂。

【功能主治】甘、苦，平。和中开胃，利水消肿，清热解毒。菥蓂子辛、苦，温。利肝明目，强筋骨，祛风湿。菥蓂治消化不良，肝硬化腹水，肾炎水肿，子宫内膜炎，带下，疔疮痈肿，阑尾炎，肺脓肿，丹毒。菥蓂子治目赤肿痛，迎风流泪，风湿性关节痛，腰痛，肝炎，衄血。

荠　菜

【药材名】荠菜

【来源】十字花科（Cruciferae）植物荠菜 *Capsella bursa - pastoris*（L.）Medic.

【形态特征】高 30～40cm，主根瘦长，白色，分枝。茎直立，单一或基部分枝。基生叶丛生，莲座状叶羽状分裂，稀全缘，上部裂片三角形，不整齐，顶片特大，叶片有毛。茎生叶狭披针形或披针形，顶部几成线形，基部成耳状抱茎，边缘有缺刻或锯齿，或近于全缘，叶两面生有单一或分枝的细柔毛，边缘疏生白色长睫毛。花多数，顶生或腋生成总状花序，开花时茎高 20～50cm，总状花序顶生和腋生。花小，白色，两性。萼 4 片，绿色，开展，卵形，基部平截，具白色边缘，十字花冠。花瓣倒卵形，有爪，4 片，白色，十字形开放，雄蕊 6，4 强，基部有绿色腺体；雌蕊 1，子房三角状卵形，花柱极短。短角果呈倒三角形，无毛，扁平，先端微凹，具残存的花柱。种子成 2 行排列，细小，倒卵形，花果期 4～6 月。

【分布与生境】生长在山坡、田边及路旁，昭苏县境内均有分布。

【药用部位】全草。

【成分】蛋白质、脂肪、碳水化合物、胡萝卜素、维生素等。

【功能主治】甘，凉。凉血止血，利尿除湿，清肝明目。治疗痢疾、水肿、淋病、乳糜尿、吐血、便血、血崩、月经过多、目赤肿痛等。

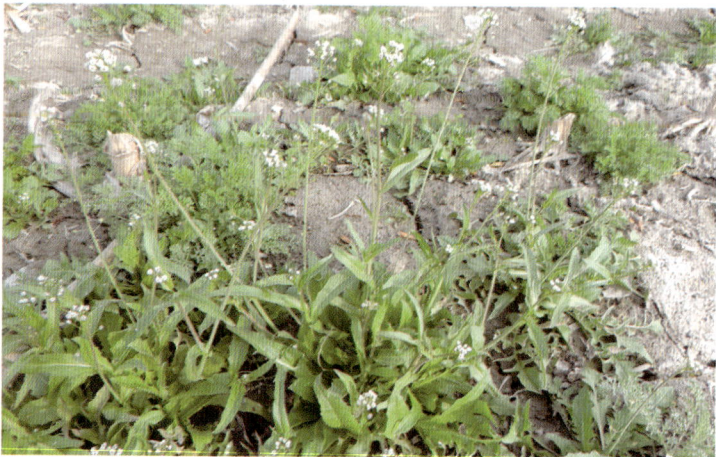

播娘蒿

【药材名】 甜葶苈

【来源】 十字花科（Cruciferae）植物播娘蒿 *Descurainia sophia*（L.）Schur.

【形态特征】 一年或二年生草本，全株呈灰白色。茎直立，上部分枝，具纵棱槽，密被分枝状短柔毛。叶轮廓为矩圆形或矩圆状披针形，二至三回羽状全裂或深裂，最终裂片条形或条状矩圆形，先端钝，全缘，两面被分枝短柔毛；茎下部叶有柄，向上叶柄逐渐缩短或近于无柄。总状花序顶生，具多数花；具花梗；萼片4，条状矩圆形，先端钝，边缘膜质，背面具分枝细柔毛；花瓣4，黄色，匙形，与萼片近等长；雄蕊比花瓣长。长角果狭条形，淡黄绿色，无毛。种子1行，黄棕色，矩圆形，稍扁，表面有细纹，潮湿后有胶黏物质。花果期6～9月。

【分布与生境】 生于山地草甸、沟谷、村旁、田边，昭苏县境内均有分布。

【药用部位】 全草。

【成分】 芥子酸、毒毛旋花子苷元、黄白糖芥苷、卫矛单糖苷、卫矛双糖苷等。

【功能主治】 辛、苦，大寒。泻肺定喘，祛痰止咳，行水消肿。治痰饮喘咳，面目浮肿，胸腹积水，水肿，小便不利，肺原性心脏病。

27 景天科

黄花瓦松

【药材名】瓦松

【来源】景天科（Crassulaceae）植物黄花瓦松 *Orostachys spinosus*（L.）C. A. M.

【形态特征】二年生草本，第一年有莲座丛，密被叶，莲座叶长圆形，先端有半圆形、白色、软骨质的附属物，白色，软骨质的刺。花茎高 10～30cm；叶互生，宽线形至倒披针形，先端渐尖，有软骨质的刺，基部无柄。花序顶生，狭长，穗状或呈总状；花梗长 1mm，或无梗；苞片披针形至长圆形，有刺尖；萼片 5，卵状长圆形，先端渐尖，有刺尖，有红色斑点；花瓣 5，黄绿色，卵状披针形，基部 1mm 处合生，先端渐尖；雄蕊 10，较花瓣稍长，花药黄色；鳞片 5，近正方形，先端有微缺。蓇葖果 5，椭圆状披针形，直立，基部狭；种子长圆状卵形。花期 7～8 月，果期 9 月。

【分布与生境】生长于海拔 1600～2900 米的山坡石缝中，昭苏县各山区均有分布。

【药用部位】全草。

【成分】脂肪酸、总三萜。

【功能主治】酸苦，凉，有毒。止血，止痢，敛疮。治便血，痔疮出血，泻痢，外用治疮口久不愈合。

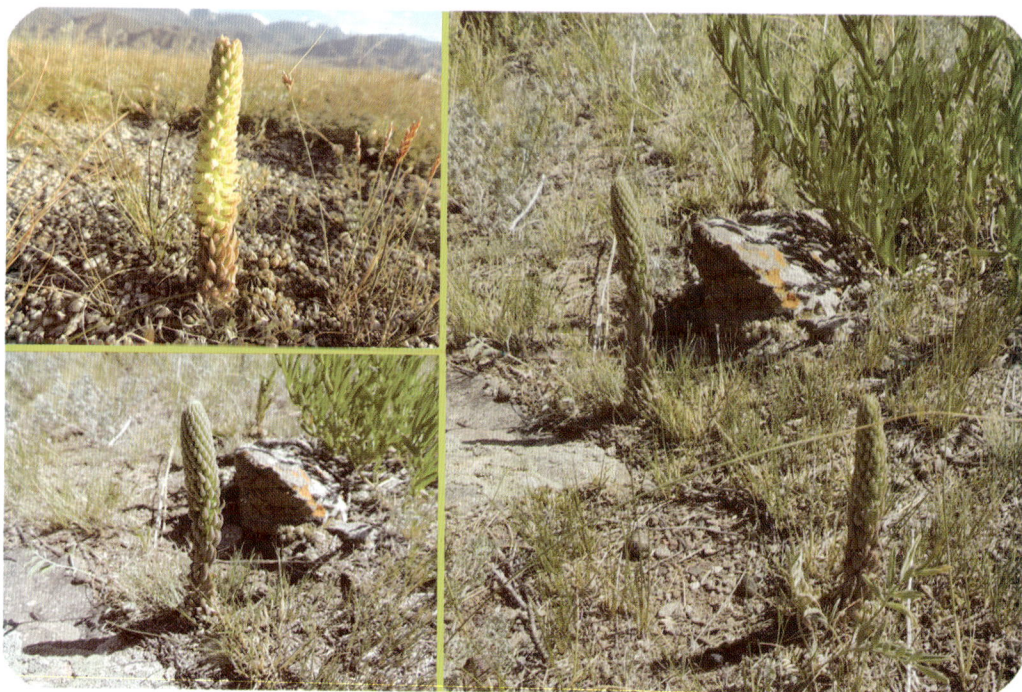

卵叶瓦莲

【**药材名**】石莲

【**来源**】景天科（Crassulaceae）植物卵叶瓦莲 *Rosularia platyphylla*（Schrenk）Berger.

【**形态特征**】多年生草本。地下部分块茎状，圆卵形，根粗，少数。花茎 1 ~ 4，高 5 ~ 10cm，斜上，不分枝，有短毛，发自莲座丛边上的基生叶腋；莲座直径 5 ~ 10cm，基生叶扁平，菱状倒卵形或匙形，长 1.5 ~ 4cm，宽 1.2 ~ 2cm，先端钝或有微缺，或钝急尖，基部有时渐狭，有缘毛，两面有短柔毛；茎生叶疏生，互生，无柄，长圆形至线形，长 1 ~ 1.5cm，宽 4 ~ 5mm，有缘毛，两面有短毛。聚伞花序伞房状，长 3 ~ 5cm，宽 3 ~ 4cm，被短腺毛，有多花，花梗比花冠短，苞片小，线状长圆形；萼片 5，卵形，长 3mm，花冠白色，长 5 ~ 7mm，管部长约 2.5mm，裂片卵形，反折，雄蕊 10，比花冠短。蓇葖果卵状长圆形，长 6mm，喙线形，长 1.5 ~ 2mm；种子长圆状卵形，褐色。花期 6 ~ 7 月，果期 8 月。

【**分布与生境**】生长于海拔 2500 米左右的河谷、山坡上，昭苏县各山区均有分布。

【**药用部位**】全草。

【**成分**】黄菲素、异黄菲灵、异氧代黄菲灵、D - 葡萄糖、鼠李糖等。

【**功能主治**】咽喉肿痛，痢疾，崩漏，便血，外用治疮疡久不收口及烧、烫伤。

杂交景天

【药材名】景天

【来源】景天科（Crassulaceae）植物杂交景天 *Sedum hybridum* L.

【形态特征】多年生草本，根状茎木质，分枝长，绳索状而蔓生。折叠茎外倾匍匐生根；不育枝短，密生叶，花枝高达 30cm。叶互生，匙状椭圆形至倒卵形，长 1.5~3cm，宽 1~2cm，先端钝，基部楔形，边缘有钝锯齿。花序聚伞状，顶生，宽 3~5cm；萼片 5，线形至长圆形，花瓣 5，黄色，披针形，雄蕊 10，长与花瓣稍等或较短，花药橙黄色，鳞片小，心皮 5，黄绿色，花柱细长。蓇葖果椭圆形，成熟后星芒状开展，基部合生；种子小，椭圆形。花期 6~7 月，果期 8~10 月。

【分布与生境】生长于海拔 1400~2500 米的林下山坡石缝中，昭苏县各山区均有分布。

【药用部位】全草。

【成分】含生物碱、黄碱苷、鞣质、有机酸。

【功能主治】微酸，凉。清热解毒，凉血止血，祛风湿。治扁桃体炎，咽喉炎，口腔炎，鼻衄，咯血，吐血，高血压病，风湿性关节痛，湿疹，疮疡。

四裂红景天

【药材名】凤尾七

【来源】景天科（Crassulaceae）植物四裂红景天 *Rhodiola quadrifida*（Pall.）Fish. ef Mey.

【形态特征】多年生草本，主根长达18cm。根茎直径1~3cm，分枝，黑褐色，先端被鳞片；老的枝茎宿存，常在100mm以上。花茎细，直径0.5~1mm，高4~10（~15）cm，稻杆色，直立，叶密生。叶互生，无柄，线形，长4~8mm，宽1mm；花序花少数，宽1.2~1.5cm，花梗与花同长或较短；萼片4，线状披针形，长3mm，宽0.7mm，钝；花瓣4，紫红色，长圆状倒卵形，长4mm，宽1mm，钝；雄蕊8，与花瓣同长或稍长，花丝与花药黄色；鳞片4，近长方形，长1.5~1.8mm，宽0.7mm。蓇葖果4，披针形，长3~5mm，直立，有先端反折的短喙，成熟时暗红色；种子长圆形，褐色，有翅。花期5~6月，果期7~8月。

【分布与生境】生于海拔2500~4000米的沟边、山坡石缝中，昭苏县各山区均有分布。

【药用部位】根、花。

【成分】苷类、酪醇、黄酮、萜。

【功能主治】涩，寒。清热退烧，利肺。

狭叶红景天

【药材名】 狮子七

【来源】 景天科（Crassulaceae）植物狭叶红景天 *Rhodiola kirilowii*（Rgl.）Maxim.

【形态特征】 多年生草本，高 25～50cm，全株无毛。根粗壮，直立。根茎肥厚，块状多歧，褐色，先端被三角形鳞片。茎直立，1～2 枝或成丛，淡绿白色。叶互生，无柄；叶片条形至条状披针形，先端急尖，边缘有疏锯齿，有时近全缘。聚伞花序伞房状，花多数，雌雄异株；花萼 5～4，三角状卵形，具棕色斑纹，先端急尖；花瓣 5 或 4，绿黄色，条状披针形至倒披针形，雄花有雄蕊 10 或 8，与花瓣同长或稍长，花药黄色，鳞片 5 或 4，近正方形或长方形，先端钝或微缺；心皮 5 或 4，直立，近基部合生。蓇葖果上部开展，有短而向外弯曲的喙。种子长圆状披针形，褐色，具翅。花期 6～8 月，果期 8～10 月。

【分布与生境】 生长于海拔 2000～3000 米的山地多石草地上或石坡上，昭苏县各山区均有分布。

【药用部位】 根及根茎。

【成分】 酪醇、胡萝卜苷、百脉根苷、红景天苷、蔗糖等。

【功能主治】 涩，温。养心安神，活血化瘀，止血，清热解毒，治气虚体弱，短气乏力，心悸失眠，头昏眩晕，胸闷疼痛，跌打损伤，月经不调，崩漏，吐血，痢疾，腹泻等。

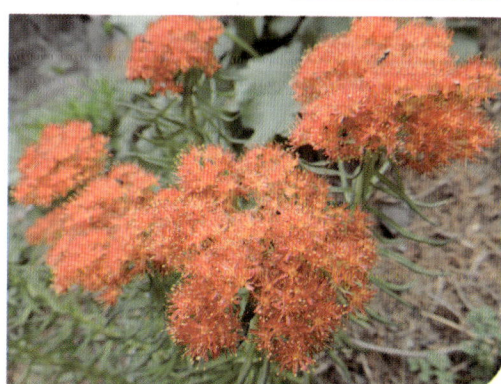

28　虎耳草科

裸茎金腰

【药材名】金腰草

【来源】虎耳草科（Saxifragaceae）植物裸茎金腰 *Chrysosplenium nudicaule* Bge.

【形态特征】多年生草本，高 4.5～10cm。茎疏生褐色柔毛或乳头突起，通常无叶。基生叶具长柄，叶片革质，肾形，长约 9mm，宽约 13mm，边缘具 11～15 浅齿，两面无毛，齿间弯缺处具褐色柔毛或乳头突起；叶柄长 1～7.5cm，下部疏生褐色柔毛。蒴果先端凹缺，长约 3.4mm，2 果瓣近等大，喙长约 0.7mm；种子黑褐色，卵球形，长 1.3～1.6mm，光滑无毛，有光泽。花果期 5～8 月。

【分布与生境】生于海拔 2500～4800 米的石隙，昭苏县各山区均有分布。

【药用部位】全草。

【成分】含黄酮类。

【功能主治】苦，寒。清热利胆，缓泻下。用于胆热症，发热，头痛，胆囊炎，胆结石，亦可催吐。

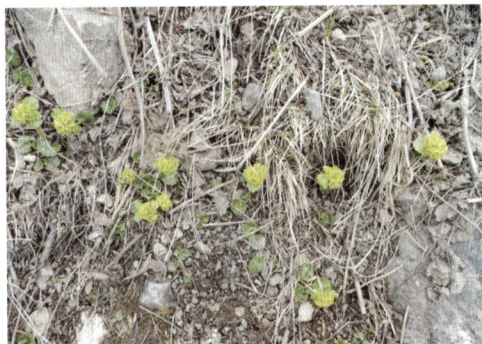

新疆梅花草

【药材名】梅花草

【来源】虎耳草科（Saxifragaceae）植物新疆梅花草 *Parnassia laxmanni* Pall.

【形态特征】多年生草本，高达 30～50cm。全株无毛。根茎短，近球形。基生叶丛生；叶柄长 2.5～6cm；叶片卵圆形至心形，长 1～3cm，宽 1.5～3.5cm，先端钝圆或锐尖，基部心形，全缘，花茎中部生 1 无柄叶片，基部抱茎，与基生叶同形。花单生顶端，白色至浅黄色，直径 2～3.5cm，形似梅花；萼片 5，椭圆形，长约 5mm；花瓣 5，平展，卵状圆形，长约 1cm，先端圆；雄蕊 5，与花瓣互生；假雄蕊 5，上半部 11～22 丝裂，裂片先端有头状腺体；心皮 4，合生，子房上位，卵形；花柱极短，顶端 4 裂。蒴果，上部 4 裂。种子多数。花期 6～7 月，果期 8～9 月。

【分布与生境】生长于海拔 1800～2500 米的云杉林边缘、山谷冲积平原阴湿处或山谷河滩草甸中，昭苏县各山区均有分布。

【药用部位】全草。

【成分】黄酮苷、生物碱、鞣质。

【功能主治】甘、寒。清热润肺，解毒消肿止痛，止咳化痰，凉血。治肺结核，跌打损伤，热毒疮肿，小儿逆乳，百日咳。

石生茶藨

【药材名】茶藨子

【来源】虎耳草科（Saxifragaceae）植物石生茶藨 *Ribes saxatile* Pall.

【形态特征】灌木，高 0.5～1.5 米；枝灰棕色，皮呈纵向长条状剥裂，幼枝棕色或棕褐色，微具短柔毛或无毛，在叶下部的节上常具 1 对小刺，节间具稀疏针状细刺或无刺；芽长卵圆形，先端急尖，幼时微具柔毛，老时无毛。叶倒卵圆形，宽几与长相似，基部楔形，上面灰绿色，下面色较浅，老时仅沿叶缘具细短柔毛或有时下面也微具短柔毛，上半部掌状浅 3 裂，裂片先端钝或微尖，顶生裂片稍长于侧生裂片，边缘具粗钝锯齿；叶柄无毛。花单性，雌雄异株，组成总状花序；雄花序直立；雌花序长 3～5cm，具花 10 余朵，花序轴和花梗具短柔毛，老时毛渐脱落；苞片长圆形或舌形，先端钝或微尖，边缘有细短柔毛，具单脉；花萼浅绿色，外面无毛；萼筒盆形或浅杯形，宽大于长；萼片舌形或倒卵圆形，先端圆钝，向外反折；花瓣小，扇形，先端平截；雄蕊几与花瓣近等长；雌花中雄蕊花丝极短，花药无花粉；子房光滑无毛，雄花中子房退化；花柱先端 2 裂。果实球形，熟时暗红色，无毛。花期 5～6 月，果期 7～8 月。

【分布与生境】生于湿润谷底、沟边、坡地云杉林或针、阔混交林下，昭苏县各山区均有分布。

【药用部位】果实、根。

【成分】苹果酸、柠檬酸、维生素 C、维生素 E、胡萝卜素。

【功能主治】果甘，温。滋补强壮。根微苦、涩，凉。舒筋活血，祛瘀止痛。治维生素缺乏症，关节炎，痢疾，月经不调，高血压，肾炎。

黑果茶藨

【**药材名**】茶藨子

【**来源**】虎耳草科（Saxifragaceae）植物黑果茶藨 *Ribes nigrum* L.

【**形态特征**】灌木，高 1~2 米。根系发达，有主根、侧根和须根。枝条较多，丛生，直立，粗壮，嫩枝淡褐色或灰褐色，老枝暗褐色或紫褐色，分基生枝或结果枝。叶柄长 2.5~3.5cm，被短柔毛；叶片掌状 3 裂或不明显的 5 裂，长 5~7cm，宽 6~10cm，基部心形，先端尖，边缘具锐尖或稍尖的锯齿，表面无毛，背面叶脉隆起，沿叶脉疏生短柔毛，具黄色腺点，有香味。总状花序具 5~20 朵花，花有两性，钟形，萼片 5，带紫红色，被短柔毛；花瓣 5，白色，比萼片小；雄蕊 5；花柱基部合生，中部 2 裂。浆果球形或近椭圆形，成熟时紫黑色，具黄色腺点，每个果中有种子 15~50 粒。花期 5~6 月，果期 7~8 月。

【**分布与生境**】生于湿润谷底、沟边、坡地云杉林或针、阔混交林下，昭苏县各山区均有分布。

【**药用部位**】果实、根。

【**成分**】苹果酸、柠檬酸、维生素 C、维生素 E、胡萝卜素。

【**功能主治**】果甘，温。滋补强壮。根微苦涩，凉。舒筋活血，祛瘀止痛。治维生素缺乏症，关节炎，痢疾，月经不调，高血压，肾炎。

29　蔷薇科

天山绣线菊

【药材名】绣线菊

【来源】蔷薇科（Rosaceae）植物天山绣线菊 *Spiraea tianschanica* Pojark.

【形态特征】灌木，高 50～120cm；枝条直立或开张，小枝有明显棱角，幼时被短柔毛，红褐色，老时灰褐色，无毛；冬芽小，卵形，通常无毛，有数枚外露鳞片。叶片多数簇生，线状披针形至长圆倒卵形，先端急尖或圆钝，基部楔形，全缘，两面无毛，下面灰绿色，具粉霜，叶脉不显著；叶柄甚短或几无柄。伞形总状花序具短总梗，有花 3～15 朵；花梗无毛；苞片小，线形；花直径 5～7mm；萼筒钟状，外面无毛，内面具短柔毛；萼片三角形，先端急尖，内面被短柔毛；花瓣倒卵形或近圆形，先端圆钝或微凹，白色；雄蕊 20，几与花瓣等长或稍短于花瓣；花盘显著，圆环形，具 10 个发达的裂片；子房外被短柔毛，花柱短于雄蕊。蓇葖果开张，无毛或仅沿腹缝线具稀疏短柔毛，花柱近顶生，开展，常具直立或半开张萼片。花期 6～7 月，果期 8～9 月。

【分布与生境】生长于海拔 2000～4000 米的向阳坡地或灌丛中，昭苏县各山区均有分布。

【药用部位】叶。

【成分】绣线菊碱 A、B、C、D 等生物碱。

【功能主治】苦，平。通经活血，通便利水。用于关节痛，周身酸痛，咳嗽多痰，刀伤，闭经。

天山花楸

【**药材名**】 花楸

【**来源**】 蔷薇科（Rosaceae）植物天山花楸 *Sorbus tianschanica* Rupr.

【**形态特征**】 灌木或小乔木，高达 5 米；小枝粗壮，圆柱形，褐色或灰褐色，有皮孔，嫩枝红褐色，微具短柔毛；冬芽大，长卵形，先端渐尖，有数枚褐色鳞片，外被白色柔毛。奇数羽状复叶，顶端和基部的稍小，卵状披针形，先端渐尖，基部偏斜圆形或宽楔形，边缘大部分有锐锯齿，仅基部全缘，两面无毛，下面色较浅；叶轴微具窄翅，上面有沟，无毛；托叶线状披针形，膜质，早落。复伞房花序大型，有多数花朵，排列疏松，无毛；萼筒钟状，内外两面均无毛；萼片三角形，先端钝，稀急尖，外面无毛，内面有白色柔毛；花瓣卵形或椭圆形，先端圆钝，白色。内面微具白色柔毛；雄蕊 15～20，通常 20，长约为花瓣之半或更短；花柱 3～5，通常 5，稍短于雄蕊或几乎等长，基部密被白色绒毛。果实球形，鲜红色，先端具宿存闭合萼片。花期 5～6 月，果期 9～10 月。

【**分布与生境**】 生长于高山溪谷中或云杉林边缘，昭苏县各山区均有分布。

【**药用部位**】 嫩枝、果实。

【**成分**】 金丝桃苷。

【**功能主治**】 甘、苦，平。清肺止咳，补脾生津。治肺结核，哮喘咳嗽，胃炎，胃痛，维生素 A、C 缺乏症。

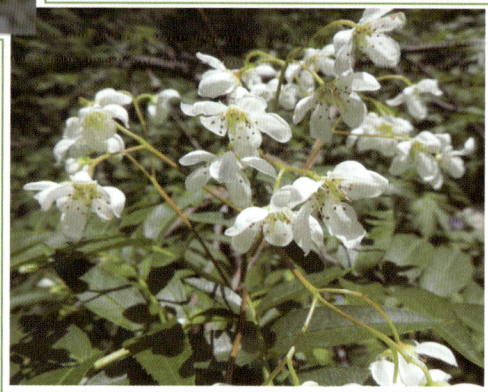

石生悬钩子

【药材名】石生悬钩子

【来源】蔷薇科（Rosaceae）植物石生悬钩子 *Rubus saxatilis* L.

【形态特征】多年生草本，高 20～60cm，根不发生萌蘖；茎细，圆柱形，不育茎有鞭状匍枝，具小针刺和稀疏柔毛，有时具腺毛。复叶常具 3 小叶，或稀单叶分裂，小叶片卵状菱形至长圆状菱形，顶生小叶稍长于侧生小叶，顶端急尖，基部近楔形，侧生小叶基部偏斜，两面有柔毛，下面沿叶脉毛较多，边缘常具粗重锯齿，稀为缺刻状锯齿，侧生小叶有时 2 裂；叶柄长，具稀疏柔毛和小针刺，侧生小叶近无柄，顶生小叶柄长 1～2cm；托叶离生，花枝上的托叶卵形或椭圆形，匍匐枝上的托叶较狭，披针形或线状长圆形，全缘。花常 2～10 朵成束或成伞房状花序；总花梗长短不齐，花小，花萼陀螺形或在果期为盆形，外面有柔毛；萼片卵状披针形，几与花瓣等长；花瓣小，匙形或长圆形，白色；雄蕊多数，花丝基部膨大，顶端钻状而内弯；雌蕊通常 5～6。果实球形，红色，小核果较大；核长圆形，具蜂巢状孔穴。花期 6～7 月，果期 7～8 月。

【分布与生境】生石砾地、灌丛或针阔叶混交林下，昭苏县各山区均有分布。

【药用部位】全草及果实。

【功能主治】苦、微酸，平。补肝健胃，祛风止痛。果实甘、酸，温。补肾固精。治急性肝炎，食欲不振，风湿性关节炎；果实治遗精。

树　莓

【药材名】覆盆子

【来源】蔷薇科（Rosaceae）植物树莓 *Rubus idaeus* L.

【形态特征】落叶灌木，高 1~2 米，小枝红褐色，有许多皮刺分布于枝干，幼枝带绿色，有柔毛及皮刺。叶卵形或卵状披针形，长 3.5~9cm，宽 2~4.5cm，顶端渐尖，基部圆形或略带心形，不分裂或 3 浅裂，边缘有不整齐的重锯齿，两面脉上有柔毛，背面脉上有细钩刺；叶柄长约 1.5cm，有柔毛及细刺；托叶线形，基部贴生在叶柄上。花白色，直径约 2cm，通常单生在短枝上；萼片卵状披针形，有柔毛，宿存。聚合果球形，直径 1~1.2cm，成熟时红色。花期 5~6 月，果期 7~8 月。

【分布与生境】生长于山地杂木林边、灌丛中，昭苏县各山区均有分布。

【药用部位】果实。

【成分】有机酸、糖类、维生素 C。

【功能主治】酸、苦、涩，平。补肝肾，缩小便，助阳，固精，明目。治阳痿，遗精，遗溺，虚劳，目暗。

路边青

【药材名】 水杨梅

【来源】 蔷薇科（Rosaceae）植物路边青 *Geum aleppicum* Jacq.

【形态特征】 多年生草本，高60～100cm，全株密被白色柔毛。年老的根丛中常有短而大的根茎，须根多。根生叶具长柄，叶片羽状分裂，裂片大小不一，顶裂片特大，卵状圆形或心形，先端钝，多3裂，基部心形至广楔形，边缘有圆锯齿，上面绿色，下面略淡，两面散生短柔毛；茎生叶卵形至广卵形，浅3裂或深3裂；托叶叶状，有粗齿牙。花1至数朵，生于枝端；萼5片，与副萼片间生，萼片三角状披针形，外面密被毛，副萼片极小，线形；花瓣5片，黄色，圆形或广椭圆形，平展，与萼片等长；雄蕊、雌蕊均多数。瘦果，散生淡黄色粗毛，具长而先端钩曲的宿存花柱。花果期4～9月。

【分布与生境】 生长于阴湿的水沟旁或溪畔，昭苏县各山区均有分布。

【药用部位】 全草。

【成分】 果胶、鞣质、果酸、β-谷甾醇、土当归酸等。

【功能主治】 甘、苦，凉。清热利湿，解毒消肿。治湿热泄泻，痢疾，湿疹，疮疖肿毒，风火牙痛，跌打损伤，外伤出血。

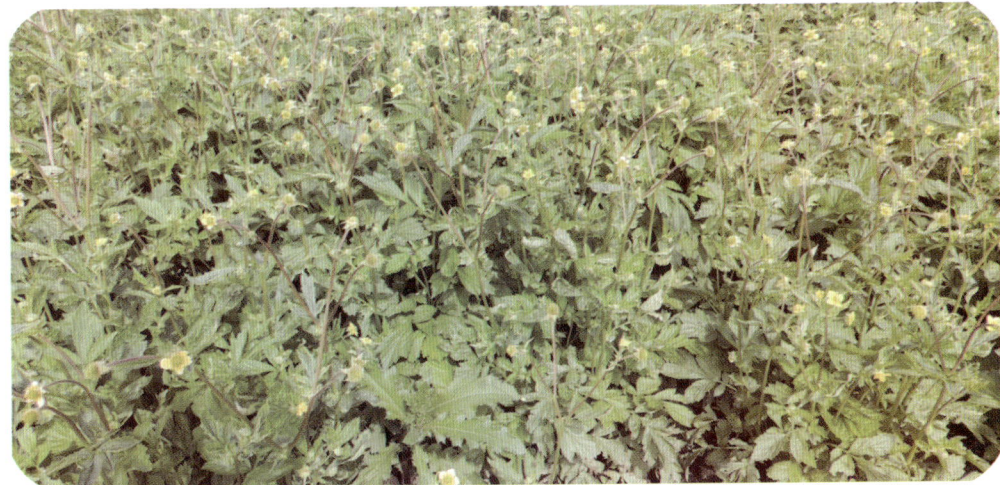

紫萼路边青

【药材名】水杨梅

【来源】蔷薇科（Rosaceae）植物紫萼路边青 *Geum rivale* L.

【形态特征】多年生草本，根粗壮，圆柱形。茎直立，高 25 ~ 70cm，被疏长柔毛或微硬毛。基生叶为羽状复叶，有小叶 2 ~ 4 对，连叶柄长 10 ~ 35cm，小叶极不等，顶生小叶最大，浅裂，常呈菱状卵形，长 4 ~ 9cm，宽 3 ~ 8cm，顶端圆钝，基部宽楔形或几截形，边缘显著呈缺刻状浅裂至 3 深裂，锯齿粗大，急尖或圆钝，两面绿色，散生糙伏毛，茎生叶单叶，3 浅裂或 3 深裂；茎生叶托叶草质，绿色，卵状椭圆形，边缘浅裂至中裂。花序疏散，有花 2 ~ 4 朵，常下垂，花梗密被黄色短柔毛及疏柔毛；花直径 2 ~ 2.5cm；萼片卵三角形，顶端渐尖，副萼片细小，狭披针形，顶端渐尖，比萼片短 2 ~ 3 倍，常带紫色；花瓣黄色，有紫褐色条纹，半圆形，基部有长爪，比萼片稍长；花柱顶生，丝状，关节处扭曲，下半部及子房被黄色长柔毛。瘦果被黄色长柔毛，有宿存花柱，果托被长硬毛，长约 1.5mm。花果期 5 ~ 8 月。

【分布与生境】生山坡草地、沟边、地边、河滩、林间隙地及林缘，昭苏县各山区均有分布。

【药用部位】全草。

【成分】果胶、鞣质、果酸、β - 谷甾醇、土当归酸等。

【功能主治】甘、苦，凉。清热利湿，解毒消肿。治湿热泄泻，痢疾，湿疹，疮疖肿毒，风火牙痛，跌打损伤，外伤出血。

金露梅

【药材名】金露梅

【来源】蔷薇科（Rosaceae）植物金露梅 *Potentilla fruticosa* L.

【形态特征】灌木，高 0.5～2 米，多分枝，树皮纵向剥落。小枝红褐色，幼时被长柔毛。羽状复叶，有小叶 2 对，稀 3 小叶，上面一对小叶基部下延与叶轴汇合；叶柄被绢毛或疏柔毛；小叶片长圆形、倒卵长圆形或卵状披针形，全缘，边缘平坦，顶端急尖或圆钝，基部楔形，两面绿色，疏被绢毛或柔毛或脱落近于无毛；托叶薄膜质，宽大，外面被长柔毛或脱落。单花或数朵生于枝顶，花梗密被长柔毛或绢毛；萼片卵圆形，顶端急尖至短渐尖，副萼片披针形至倒卵状披针形，顶端渐尖至急尖，与萼片近等长，外面疏被绢毛；花瓣黄色，宽倒卵形，顶端圆钝，比萼片长；花柱近基生，棒形，基部稍细，顶部缢缩，柱头扩大。瘦果近卵形，褐棕色，外被长柔毛。花果期 6～9 月。

【分布与生境】生长于海拔 1200～5000 米的山坡、岩石缝、林缘及林中，昭苏县各山区均有分布。

【药用部位】叶、花。

【成分】氨基酸、微量元素。

【功能主治】甘，平。健脾化湿，清暑益脑，调经，健胃，固齿，治暑热眩晕，两目不清，胃气不和，食滞，月经不调。

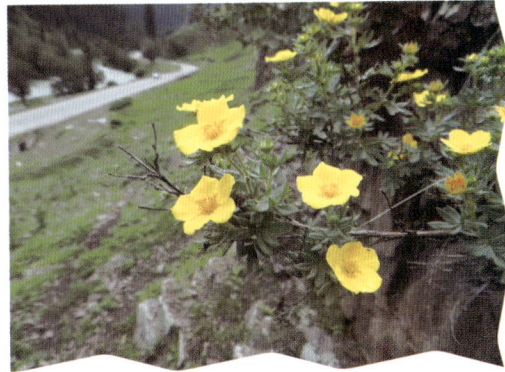

二裂委陵菜

【药材名】委陵菜

【来源】蔷薇科（Rosaceae）植物二裂委陵菜 *Potentilla bifurca* L.

【形态特征】多年生草本或亚灌木。根圆柱形，纤细，木质。花茎直立或上升，高 5 ~ 20cm，密被疏柔毛或微硬毛。羽状复叶，有小叶 5 ~ 8 对，最上面 2 ~ 3 对小叶基部下延与叶轴汇合，连叶柄长 3 ~ 8cm；叶柄密被疏柔毛或微硬毛，小叶片无柄，对生稀互生，椭圆形或倒卵椭圆形，长 0.5 ~ 1.5cm，宽 0.4 ~ 0.8cm，顶端常 2 裂，稀 3 裂，基部楔形或宽楔形，两面绿色，伏生疏柔毛；下部叶托叶膜质，褐色，外面被微硬毛，稀脱落几无毛，上部茎生叶托叶草质，绿色，卵状椭圆形，常全缘稀有齿。近伞房状聚伞花序，顶生，疏散；花直径 0.7 ~ 1cm；萼片卵圆形，顶端急尖，副萼片椭圆形，顶端急尖或钝，比萼片短或近等长，外面被疏柔毛；花瓣黄色，倒卵形，顶端圆钝，比萼片稍长；心皮沿腹部有稀疏柔毛；花柱侧生，棒形，基部较细，顶端缢缩，柱头扩大。瘦果表面光滑。花果期 5 ~ 9 月。

【分布与生境】生于田边荒地、河岸沙滩，昭苏县各山区均有分布。

【药用部位】全草。

【成分】醇类、酸类、苷类、酯类。

【功能主治】苦，寒。清热解毒，凉血止痛。用于赤痢腹痛，久痢不止，痔疮出血，痈肿疮毒。

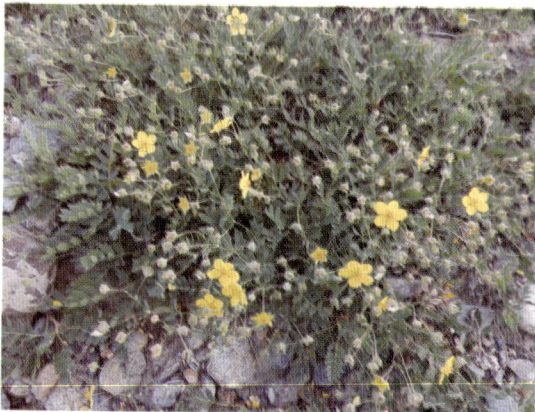

双花委陵菜

【药材名】委陵菜

【来源】蔷薇科（Rosaceae）植物双花委陵菜 *Potentilla boflora* Willd. ex Schlecht.

【形态特征】多年生丛生或垫状草本。根粗壮，圆柱形。花茎直立，高 4～12cm，被疏柔毛。基生叶羽状至近掌状 5 出复叶，连叶柄长 2～6cm，叶柄被白色长柔毛，上面一对小叶基部下延与叶轴汇合，下面一对小叶常深裂为两部分几达基部，稀不裂；小叶片线形，长 0.8～1.7cm，宽 1～3mm，顶端急尖至渐尖，边缘全缘，向下反卷，上面暗绿色，被疏柔毛，下面绿色，中脉密被白色长柔毛；托叶膜质，褐色，外面被白色疏柔毛，以后脱落几无毛。花单生或 2 朵，稀 3 朵，花梗被疏柔毛，长 1～2cm，下面有带形苞片与托叶；花直径 1.2～1.5cm；萼片三角卵形，顶端急尖，副萼片披针形，顶端渐尖，外面被疏柔毛，稍长或略短于萼片；花瓣黄色，长倒卵形，顶端下凹，比萼片长 0.5～1 倍；花柱近顶生，丝状，柱头不扩大。瘦果脐部有毛，表面光滑。花果期 6～8 月。

【分布与生境】生长在海拔 2300～3600 米的高山草地、多砾石隙缝中及雪峰间岩石上。昭苏县各山区均有分布。

【药用部位】全草。

【成分】醇类、酸类、苷类、酯类。

【功能主治】苦，寒。清热解毒，凉血止痛。用于赤痢腹痛，久痢不止，痔疮出血，痈肿疮毒。

鹅绒委陵菜

【药材名】蕨麻

【来源】蔷薇科（Rosaceae）植物鹅绒委陵菜 *Potentilla anserina* L.

【形态特征】根肥大，富含淀粉。整个植株呈粗网状平铺在地面上。春季发芽，夏季长出众多紫红色的须茎，纤细的匍匐枝沿地表生长，可达97cm，节上生不定根、叶与花梗。羽状复叶，基生叶多数，叶丛直立状生长，高达15～25cm，叶柄长4～6cm，小叶15～17枚，无柄，长圆状倒卵形、长圆形，边缘有尖锯齿。花鲜黄色，单生于由叶腋抽出的长花梗上，形成顶生聚伞花序。瘦果椭圆形，宽约1mm，褐色，表面微被毛。花期5～7月。

【分布与生境】生长于河滩沙地、潮湿草地、田边和路旁。昭苏县各山区均有分布。

【药用部位】块根。

【成分】三萜、皂苷、黄酮类、有机酸类、维生素C、蛋白质、脂肪。

【功能主治】甘，平。健脾益胃，生津止渴，益气补血，收敛止血，止咳利痰。主治诸血及下痢。

雪白委陵菜

【药材名】委陵菜

【来源】蔷薇科（Rosaceae）植物雪白委陵菜 *Potentilla nivea L.*

【形态特征】多年生草本，根圆柱形。花茎直立或上升，高 5～25cm，被白色绒毛。基生叶为掌状 3 出复叶，连叶柄长 1.5～8cm，叶柄被白色绒毛；小叶无柄或有时顶生小叶有短柄，小叶片卵形、倒卵形或椭圆形，长 1～2cm，宽 0.8～1.3cm，顶端圆钝或急尖，基部圆形或宽楔形，边缘有 3～7 个圆钝锯齿，上面被伏生柔毛，下面被雪白色绒毛，脉不明显，茎生叶 1～2，小叶较小；基生叶托叶膜质，褐色，外面被疏柔毛或脱落几无毛，茎生叶托叶草质，绿色，卵形，通常全缘，稀有齿，下面密被白色绒毛。聚伞花序顶生，少花，稀单花，花梗长 1～2cm，外被白色绒毛；花直径 1～1.8cm；萼片三角卵形，顶端急尖或渐尖，副萼片带状披针形，顶端圆钝，比萼片短，外面被平铺绢状柔毛；花瓣黄色，倒卵形，顶端下凹；花柱近顶生，基部膨大，有乳头，柱头扩大。瘦果光滑。花果期 5～8 月。

【分布与生境】生荒地、山谷、沟边、山坡草地、草甸及疏林下，昭苏县各山区均有分布。

【药用部位】全草。

【成分】黄酮类化合物、萜类、鞣质类、酚酸类、多糖等。

【功能主治】甘、苦、平。清热，解毒，止血，消肿，治痢疾，疟疾，肺痈，咳血，吐血，下血，崩漏，痈肿，疮癣，瘰疬结核。

亚洲委陵菜

【药材名】委陵菜

【来源】蔷薇科（Rosaceae）植物亚洲委陵菜 *Potentilla asiatica*（Th. Wolf）Juz.

【形态特征】多年生草本，高 30 ~ 60cm。根肥大，圆锥状。茎直立，密生灰白色绵毛。单数羽状复叶，基生叶有小叶 8 ~ 11 对，顶端小叶最大，两侧小叶向下渐次变小，小叶狭长椭圆形，长 2 ~ 5cm，宽 8 ~ 15mm，边缘羽状深裂。裂片三角状披针形，边缘向下反卷，上面被短柔毛，下面密生白绵毛；托叶长披针形至椭圆状披针形，全缘或羽状裂，密被长绵毛；茎生叶与根生叶同形而较小，小叶 1 ~ 7 对。花多数，顶生，呈伞房状聚伞花序；花萼 5 裂，裂片广卵形，副萼 5 片，披针形至线形，均有白绵毛；花瓣 5，黄色，倒卵状圆形，凹头；雄蕊多数，花丝不等长，花药黄色；雌蕊多数，聚生，子房卵形而小。微扁，花柱侧生，柱头小。瘦果卵圆形，长约 2mm，褐色，光滑，包于宿存花萼内。花期 6 ~ 8 月，果期 8 ~ 10 月。

【分布与生境】生于田边荒地、河岸沙滩，昭苏县各山区均有分布。

【药用部位】全草。

【成分】醇类、酸类、苷类、酯类。

【功能主治】苦，寒。清热解毒，凉血止痛。用于赤痢腹痛，久痢不止，痔疮出血，痈肿疮毒。

地蔷薇

【药材名】 追风蒿

【来源】 蔷薇科（Rosaceae）植物地蔷薇 *Chamaerhodos erecta*（L.）Bge.

【形态特征】 二年生草本或一年生草本，具长柔毛及腺毛；根木质；茎直立或弧曲上升，高 20~50cm；少有多茎丛生，基部稍木质化，常在上部分枝。基生叶密生，莲座状，长 1~2.5cm、二回羽状三深裂，侧裂片二深裂，中央裂片常三深裂，二回裂片具缺刻或三浅裂，小裂片条形，长 1~2mm，先端圆钝，基部楔形，全缘，果期枯萎；叶柄长 1~2.5cm；托叶形状似叶，三至多深裂；茎生叶似基生叶，三深裂，近无柄。聚伞花序顶生，具多花，二歧分枝形成圆锥花序，直径 3~15cm，苞片及小苞片 2~3 裂，裂片条形；花梗细，长 3~6mm；花直径 2~3mm；萼筒倒圆锥形或钟形，长 1mm，萼片卵状披针形，长 1~2mm，先端渐尖；花瓣倒卵形，长 2~3mm，白色或粉红色，无毛，先端圆钝，基部有短爪；花丝比花瓣短；心皮 10~15，离生，花柱侧基生，子房卵形或长圆形。瘦果卵形或长圆形，长 1~1.5mm，深褐色，无毛，平滑，先端具尖头。花果期 6~8 月。

【分布与生境】 生于沙地、砾石地及山坡，昭苏县阿合牙孜沟有分布。

【药用部位】 全草。

【功能主治】 苦、微辛，温。祛风湿。治风湿性关节炎。

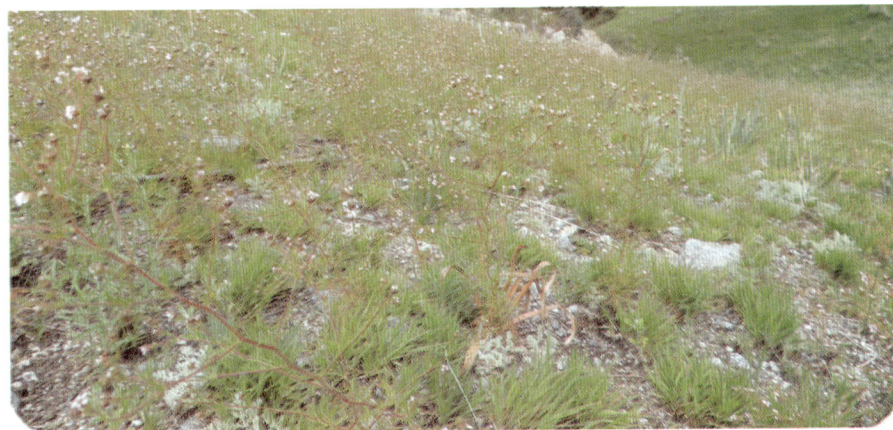

森林草莓

【药材名】草莓

【来源】 蔷薇科（Rosaceae）植物森林草莓 *Fragaria vesca* L.

【形态特征】多年生草本。高5~30cm，茎被开展柔毛，稀脱落。3小叶稀羽状5小叶，小叶无柄或顶端小叶具短柄；小叶片倒卵圆形、椭圆形或宽卵圆形，长1~5cm，宽0.6~4cm，顶端圆钝，顶生小叶基部宽楔形，侧生小叶基部楔形，边缘具缺刻状锯齿，锯齿圆钝或急尖，上面绿色，疏被短柔毛，下面淡绿色，被短柔毛或有时脱落几无毛；叶柄长3~20cm，疏被开展柔毛，稀脱落。花序聚伞状，有花2~4朵，基部具一有柄小叶或为淡绿色钻形苞片，花梗被紧贴柔毛，长1~3cm；萼片卵状披针形，顶端尾尖，副萼片窄披针形，花瓣白色，倒卵形，基部具短爪；雄蕊20枚，不等长；雌蕊多数。聚合果卵球形，红色。花期5~6月，果期6~7月。

【分布与生境】生于山坡、草地、林下。昭苏县各山区均有分布。

【药用部位】果实、叶。

【成分】果糖、蔗糖、柠檬酸、苹果酸、水杨酸、氨基酸。

【功能主治】甘，凉。具有润肺生津，健脾，消暑，解热，利尿，止渴的功效。治风热咳嗽，口舌糜烂，咽喉肿毒，便秘，高血压等症。

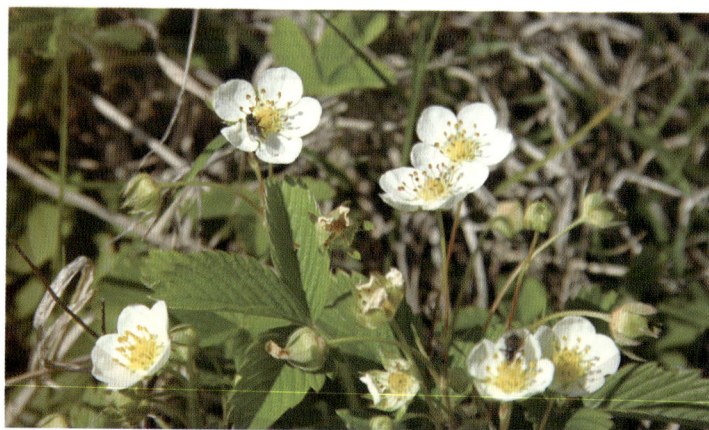

宽刺蔷薇

【药材名】金樱子

【来源】蔷薇科（Rosaceae）植物宽刺蔷薇 *Rosa platyacantha* Schrenk.

【形态特征】宽刺蔷薇是小灌木，高1~2m；枝条粗壮，开展，无毛，皮刺多，扁圆而基部膨大，黄色。小叶5~7，连叶柄长3~5cm；小叶片革质、近圆形、倒卵形或长圆形，先端圆钝，基部宽楔形或近圆形，边缘上半部有锯齿4~6个，下半部或基部全缘，两面无毛或下面沿脉微有柔毛；叶轴、叶柄幼时有腺以后脱落；托叶大部贴生于叶柄，仅顶端部分离生，披针形，有腺齿。花单生于叶腋或2~3朵集生；无苞片；花梗长1~3.5cm，通常无毛；花直径3~5cm；萼筒、萼片外面无毛，萼片披针形，先端渐尖，全缘，比萼筒长1倍，内面被柔毛；花瓣黄色，倒卵形，先端微凹，基部楔形；花柱离生，稍伸出萼筒口外，被黄白色长柔毛，比雄蕊短。果球形至卵球形，暗红色至紫褐色，有光泽；萼片直立，宿存。花期5~8月，果期8~11月。

【分布与生境】生于林边、林下、灌木丛，昭苏县各山区均有分布。

【药用部位】花、果实。

【成分】花含挥发油，果实含蔷薇苷、果胶、维生素C、维生素P。

【功能主治】酸、甘、涩、平。固精缩尿，固崩止带，涩肠止泻。用于遗精滑精，遗尿尿频，崩漏带下，久泻久痢。

疏花蔷薇

【药材名】 金樱子

【来源】 蔷薇科（Rosaceae）植物疏花蔷薇 *Rosa laxa* Retz.

【形态特征】 灌木，高 1～2 米；小枝圆柱形，直立或稍弯曲，无毛，有成对或散生、镰刀状、浅黄色皮刺。小叶 7～9，小叶片椭圆形、长圆形或卵形；托叶大部贴生于叶柄，离生部分耳状、卵形，边缘有腺齿，无毛。花常 3～6 朵，组成伞房状，有时单生；花直径约 3cm；萼片卵状披针形，先端常延长成叶状，全缘；花瓣白色，亦有粉红色，倒卵形，先端凹凸不平。果长圆形或卵球形，红色，常有光泽。花期 6～8 月，果期 8～9 月。

【分布与生境】 生于山地、河谷、林缘灌丛，昭苏县各山区均有分布。

【药用部位】 花、果实。

【成分】 花含挥发油，果实含蔷薇苷、果胶、维生素 C、维生素 P。

【功能主治】 酸、甘、涩、平。固精缩尿，固崩止带，涩肠止泻。用于遗精滑精，遗尿尿频，崩漏带下，久泻久痢。

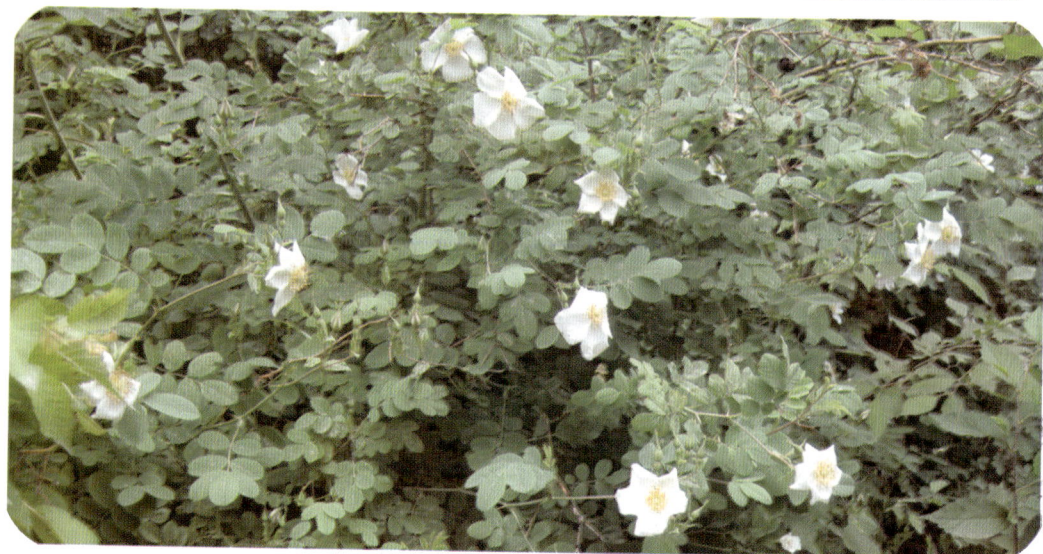

亚洲龙牙草

【药材名】 仙鹤草

【来源】 蔷薇科（Rosaceae）植物亚洲龙牙草 *Agrimonia asiatica* Juz .

【形态特征】 多年生草本，高 50～100cm。茎直立，不分枝或上部分枝，被开展的长硬毛。奇数羽状复叶，具小叶 3～13，椭圆形或矩圆状卵形，先端锐尖，基部楔形，边缘有锯齿，上面疏或密被长柔毛，绿色，下面密被绒毛和腺点，带灰色；小叶间夹有小裂片；托叶大，半心形。总状花序顶生，具多花，黄色，径 10～12mm，萼筒上部有一圈钩状刺，后向下反卷，萼片 5。瘦果椭圆形，包藏在宿存花萼内。

【分布与生境】 生长于山坡、路旁或水边，昭苏县各山区均有分布。

【药用部位】 全草、冬芽。

【成分】 含鹤草酚、仙鹤草内酯、仙鹤草醇、芹黄素、儿茶酚、鞣质等。

【功能主治】 苦、涩，微寒。收敛止血，截疟，止痢，解毒，杀虫。用于咳血，吐血，崩漏下血，疟疾，血痢，脱力劳伤，痈肿疮毒，阴痒带下。冬芽治绦虫病。

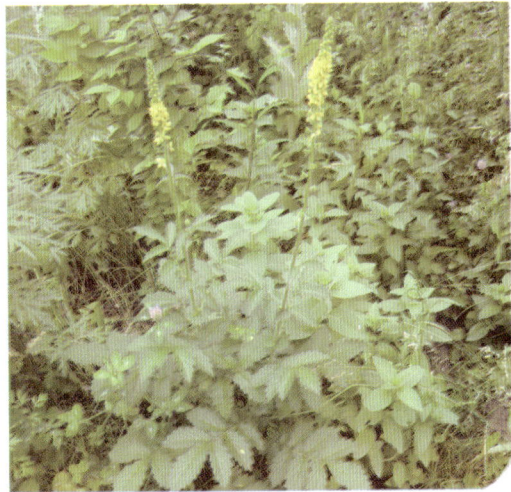

高山地榆

【**药材名**】地榆

【**来源**】蔷薇科（Rosaceae）植物高山地榆 *Sanguisorba alpina* Bge.

【**形态特征**】多年生草本。根粗壮，圆柱形。折叠茎高 30 ~ 80cm，无毛或几无毛。叶为羽状复叶，有小叶 4 ~ 7 对，叶柄无毛，小叶有柄：小叶片椭圆形或长椭圆形，基部截形，顶端圆钝，边缘有缺刻状尖锐锯齿，两面绿色无毛；茎生叶与基生叶相似，惟向上小叶对数逐渐减少，且小叶基部常呈圆形至宽楔形；基生叶托叶膜质，黄褐色，无毛，茎生叶托叶革质，绿色，卵形或弯弓呈半圆形，边缘有缺刻状尖锐锯齿。穗状花序圆柱形，稀椭圆形，从基部向上逐渐开放，花后伸长，下垂，花序梗初时被疏柔毛，以后脱落无毛；苞片淡黄褐色，卵状披针形或匙状披针形，边缘及外面密被柔毛，未开花时显著比花蕾长，比萼片长 1 ~ 2 倍；萼片白色，或微带淡红色，卵形；雄蕊 4 枚，花丝从下部开始微扩大至中部，到顶端渐狭明显比花药窄，比萼片长 2 ~ 3 倍。果被疏柔毛，萼片宿存。花果期 7 ~ 8 月。

【**分布与生境**】生长于山坡、沟谷水边、沼地及林缘，昭苏县各山区均有分布。

【**药用部位**】花、根。

【**成分**】含多种鞣质成分。

【**功能主治**】苦，微寒。清热解毒，止血凉血，收敛止泻。治疗吐血、血痢、烧灼伤、湿疹、上消化道出血、便血、崩漏、结核性脓疡及慢性骨髓炎等病症。

天山羽衣草

【药材名】羽衣草

【来源】蔷薇科（Rosaceae）植物天山羽衣草 *Alchemilla tianschanica* Juz.

【形态特征】基生叶具长柄，叶片圆肾形，长 3 ~ 6cm，宽 4 ~ 9cm，先端圆钝，基部心形，边缘有锯齿，并有浅裂；托叶与叶柄合生。花集成伞房状聚伞花序；花小，黄色；花托壶形；副萼片及萼裂片各 4；无花瓣，雄蕊 4 枚，着生于萼筒的喉部。瘦果包藏于膜质的萼筒内。花果期 6 ~ 9 月，

【分布与生境】生长于海拔 1800 ~ 2400 米的中山带，昭苏县各山区均有分布。

【药用部位】全草。

【功能主治】辛、苦，温。美容、淡斑。

30 豆 科

高山黄华

【药材名】 高山黄华

【来源】 豆科（Fabaceae）植物高山黄华 *Thermopsis alpina*（Pall.）Ldb.

【形态特征】 多年生草本，高 15～20cm。疏被长柔毛。茎直立，分枝。三出复叶互生；小叶片长椭圆形或长椭圆状卵形，先端急尖或钝，基部宽楔形或近圆形，上面渐变无毛，背面密被长柔毛；托叶大，叶状 2 枚，基部连合，长椭圆形或长卵形。总状花序顶生；苞片 3 枚轮生，卵形或长卵形，基部连合，背面密生长柔毛；花 2～3 朵轮生；萼钟状，下部 3 萼齿披针状，上面 2 萼齿三角形，密被开展长柔毛；花冠黄色，旗瓣圆形，翼瓣狭，龙骨瓣长圆形。荚果扁平，长椭圆形，常作镰形弯曲或直，被柔毛。种子 4～8 颗，卵状肾形，稍扁，褐色，花期 5～6 月，果期 7～9 月。

【分布与生境】 生于海拔 4400～5000m 的山坡草地、湖边砾石地，昭苏县各山区均有分布。

【药用部位】 根、花果。

【成分】 黄华碱、金雀花碱、黄酮。

【功能主治】 苦，寒。有小毒。息风定惊，截疟，镇痛，降压，清热化痰。根治疟疾，高血压。花果治狂犬病。

披针叶黄华

【药材名】野决明

【来源】豆科（Fabaceae）植物披针叶黄华 *Thermopsis lanceolata* R. Br.

【形态特征】多年生草本。茎直立，分枝或单一，具沟棱，被黄白色贴伏或伸展柔毛。3 小叶；叶柄短；托叶叶状，卵状披针形，小叶狭长圆形或倒披针形，上面通常无毛，下面多少被贴伏柔毛。总状花序顶生，具花 2～6 轮，排列疏松；苞片线状卵形或卵形，先端渐尖，宿存；萼钟形，密被毛，下方萼齿披针形，与萼筒近等长。花冠黄色，旗瓣近圆形，先端微凹，基部渐狭成瓣柄，龙骨瓣长 2～2.5cm，宽为翼瓣的 1.5～2 倍；子房密被柔毛，具柄，胚珠 12～20 粒。荚果线形，先端具尖喙，被细柔毛，黄褐色，种子 6～14 粒。种子圆肾形，黑褐色，具灰色蜡层，有光泽。花期 5～7 月，果期 6～9 月。

【分布与生境】生于草原、河岸草滩，昭苏县境内均有分布。

【药用部位】全草。

【成分】金雀花碱、黄华碱、黄酮。

【功能主治】甘，微温。有毒。祛痰止咳。用于咳嗽痰喘。

白花草木樨

【药材名】辟汗草

【来源】豆科（Fabaceae）植物白花草木樨 *Melilotus albus* Desr.

【形态特征】花序长 4～6cm；花梗长 1～1.5mm；萼长约 2mm，萼齿三角形，先端锐尖，与萼筒等长；花长 4～5mm；旗瓣较翼瓣稍长，与龙骨瓣几等长；子房无柄，披针形，含胚珠 3～4。荚果卵球形，长 3～3.5mm，宽 2～2.5mm，灰棕色，无毛，先端稍钝，具尖喙，表面脉纹细，网状，棕褐色，老熟后变黑褐色，含种子 1～2，稀 3 粒。种子灰黄色至褐色，平滑或具小疣状突起。花果期 6～9 月。

【分布与生境】生于山坡、草原、路边，昭苏县境内均有分布。

【药用部位】全草。

【成分】含挥发油、香豆精、脂肪油、果胶。

【功能主治】辛苦，凉。清热，解毒，化湿，杀虫。治暑热胸闷，疟疾，痢疾，淋病，皮肤疮疡。

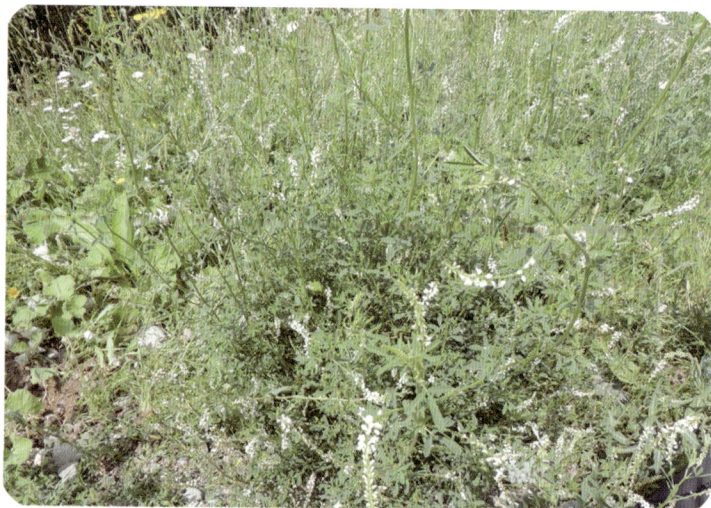

黄花草木樨

【药材名】辟汗草

【来源】豆科（Fabaceae）植物黄花草木樨 *Melilotus officinalis*（L.）Desr.

【形态特征】一或二年生草本，高 1～2 米，全草有香味。主根发达，呈分枝状胡萝卜形，根瘤较多。茎直立，多分枝。叶为羽状三出复叶，小叶椭圆形至披针形，先端钝圆，基部楔形，边缘具细锯齿；托叶三角形。总状花序腋生，含花 30～60 朵，花萼钟状；花冠黄色，蝶形，旗瓣与翼瓣近等长。荚果卵圆形，有网纹，被短柔毛，含种子 1 粒；种子长圆形，黄色或黄褐色。

【分布与生境】生于山坡、草原、路边，昭苏县境内均有分布。

【药用部位】全草。

【成分】含挥发油、香豆精、脂肪油、果胶。

【功能主治】辛、苦，凉。清热，解毒，化湿，杀虫。治暑热胸闷，疟疾，痢疾，淋病，皮肤疮疡。

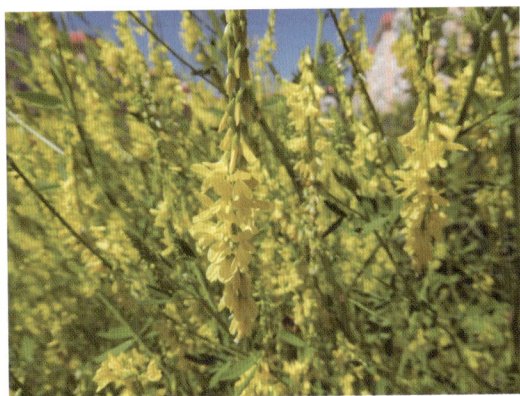

黄花苜蓿

【药材名】野苜蓿

【来源】豆科（Fabaceae）植物黄花苜蓿 *Medicago falcata* L.

【形态特征】多年生草本。根粗壮，茎斜升或平卧，长 30～60（100）cm，多分枝。三出复叶，小叶倒披针形、倒卵形或长圆状倒卵形，边缘上部有锯齿。总状花序密集成头状，腋生，花黄色，蝶形。荚果稍扁，镰刀形，稀近于直立，长 1～1.5mm，被伏毛，含种子 2～4粒。花果期 6～9月。

【分布与生境】生长于平原、河滩、沟谷、丘陵间低地等低湿生境的草甸中，昭苏县境内均有分布。

【药用部位】全草。

【成分】黄酮素、酚型酸、类胡萝卜素。

【功能主治】甘、苦，平。降压利尿，消炎解毒。治浮肿，各种恶疮。

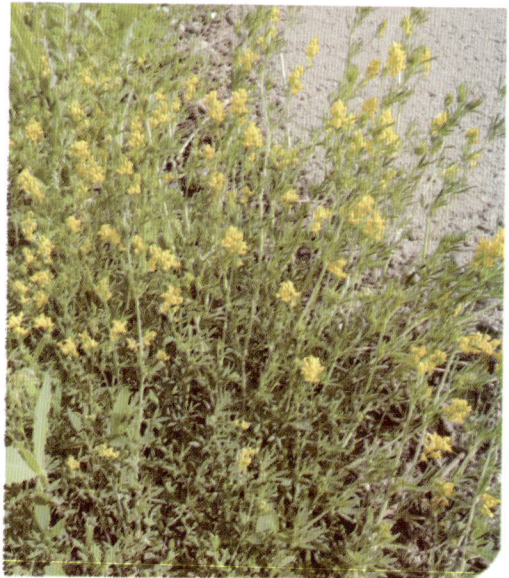

紫花苜蓿

【药材名】苜蓿

【来源】豆科（Fabaceae）植物紫花苜蓿 *Medicago sativa* L.

【形态特征】多年生草本，高30~100cm。根粗壮，根茎发达。茎直立、丛生以至平卧，四棱形。羽状三出复叶；托叶大，卵状披针形，叶柄比小叶短；小叶长卵形、倒长卵形至线状卵形，顶生小叶稍大，纸质，先端钝圆，边缘三分之一以上具锯齿，深绿色。花序总状或头状，具花5~30朵；总花梗挺直，苞片线状锥形，萼钟形，花冠淡黄、深蓝至暗紫色，花瓣具长瓣柄，旗瓣长圆形，先端微凹，明显较翼瓣和龙骨瓣长，翼瓣较龙骨瓣稍长；子房线形，具柔毛，花柱短阔，柱头点状，胚珠多数。荚果螺旋状紧卷2~4圈，被柔毛，脉纹细，不清晰，棕色；种子10~20粒。种子卵形，平滑，黄色或棕色。花果期6~9月。

【分布与生境】生于田边、路旁、旷野、草原、河岸及沟谷等地，昭苏县境内均有分布。

【药用部位】全草。

【成分】黄酮素、酚型酸、类胡萝卜素。

【功能主治】甘、苦，平。降压利尿，消炎解毒。治浮肿，各种恶疮。

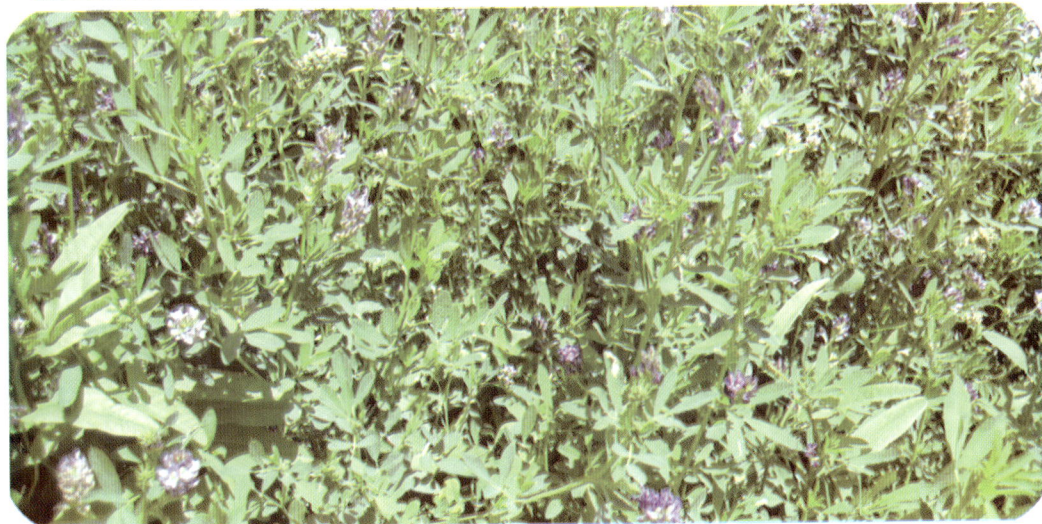

野火球

【药材名】野火球

【来源】豆科（Leguminosae）植物野火球 *Trifolium lupinaster* L.

【形态特征】多年生草本，高 30～60cm。根粗壮，常多分叉。茎直立，单生，基部无叶，上部具分枝，被柔毛。掌状复叶，通常小叶 5 枚；托叶膜质，大部分抱茎呈鞘状，先端离生部分披针状三角形，叶柄几全部与托叶合生；小叶披针形至线状长圆形，先端锐尖，基部狭楔形，被柔毛。头状花序着生顶端和上部叶腋，具花 20～35 朵；总花梗被柔毛；花序下端具 1 早落的膜质总苞；花长 12～17mm，萼钟形，被长柔毛，脉纹 10 条，萼齿丝状锥尖，花冠淡红色至紫红色，旗瓣椭圆形，先端钝圆，基部稍窄，几无瓣柄，翼瓣长圆形，下方有一钩状耳，龙骨瓣长圆形，比翼瓣短，先端具小尖喙，基部具长瓣柄；子房狭椭圆形，花柱丝状，上部弯成钩状；胚珠 5～8 粒。荚果长圆形，膜质，棕灰色；有种子 3～6 粒。种子阔卵形，橄榄绿色，平滑。花果期 6～9 月。

【分布与生境】生于山坡湿地、林缘、草甸草原、灌丛中，昭苏县境内均有分布。

【药用部位】全草。

【成分】含挥发油。

【功能主治】甘、涩，寒。镇静安神，止咳止血。治心神不宁、心悸怔忡、失眠、多梦、惊痫、癫狂、出血、咳嗽。

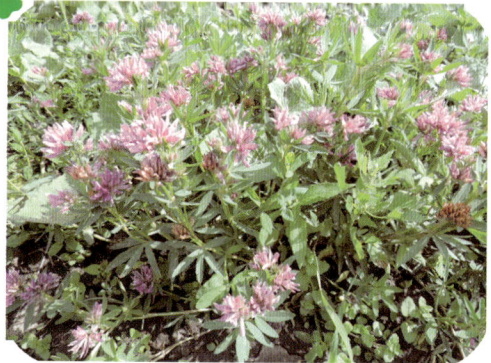

白花车轴草

【药材名】三消草

【来源】豆科（Leguminosae）植物白花车轴草 *Trifolium repens* L.

【形态特征】多年生草本；茎匍匐，无毛。复叶有3小叶，小叶倒卵形或倒心形，顶端圆或微凹，基部宽楔形，边缘有细齿，表面无毛，背面微有毛；托叶椭圆形，顶端尖，抱茎。花序头状，有长总花梗，高出于叶；萼筒状，萼齿三角形，较萼筒短；花冠白色或淡红色。荚果倒卵状椭圆形，有3~4种子；种子细小，近圆形，黄褐色。花果期5~9月。

【分布与生境】生于草原、河岸草滩，昭苏县境内均有分布。

【药用部位】全草。

【成分】香豆雌酚、生育酚、皂苷。

【功能主治】甘，平。清热凉血、宁心。治癫痫，痔疮出血。

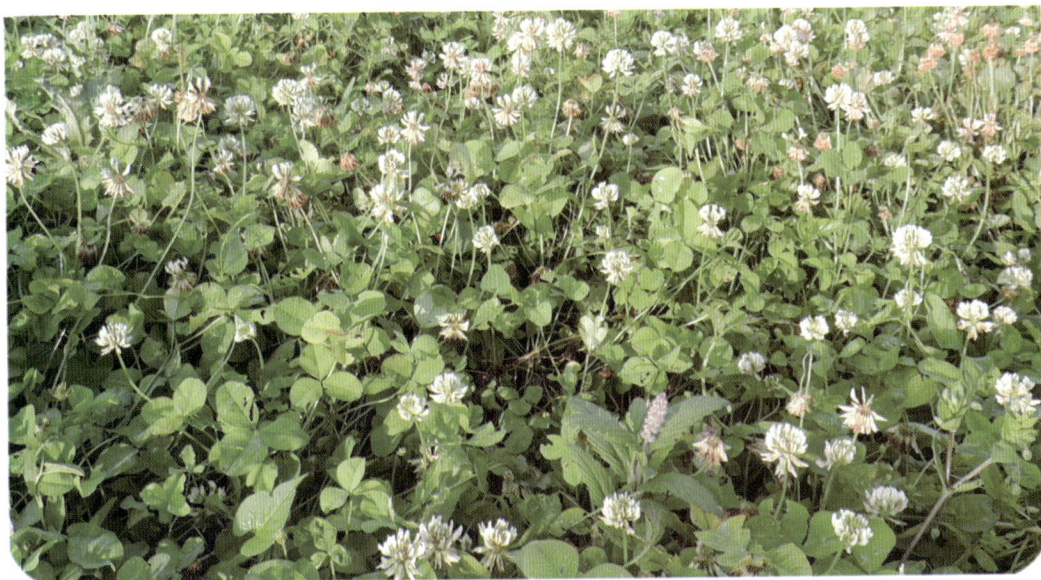

红花车轴草

【药材名】红车轴草

【来源】豆科（Leguminosae）植物红花车轴草 *Trifolium pratense* L.

【形态特征】多年生草本；茎高 30～80cm，有疏毛。叶具 3 小叶；小叶椭圆状卵形至宽椭圆形，长 2.5～4cm，宽 1～2cm，先端钝圆，基部圆楔形，叶脉在边缘多少突出成不明显的细齿，下面有长毛；小叶无柄；托叶卵形，先端锐尖。花序腋生，头状，具大型总苞，总苞卵圆形，具纵脉；花萼筒状，萼齿条状披针形，最下面的一枚萼齿较长，有长毛；花冠紫色或淡紫红色。荚果包被于宿存的萼内，倒卵形，小，长约 2mm，果皮膜质，具纵脉，含种子 1 粒。花果期 5～9 月。

【分布与生境】生于草原、河岸草滩，昭苏县境内均有分布。

【药用部位】花、枝、叶。

【成分】红车轴草根苷、红车轴草素、鹰嘴豆芽素 A、柳穿鱼苷、胡萝卜素、维生素 D 和维生素 E。

【功能主治】甘，平。镇痉，止咳止喘，利尿消炎。治百日咳，支气管炎，痉挛。

白皮锦鸡儿

【药材名】锦鸡儿

【来源】豆科（Fabaceae）植物白皮锦鸡儿 *Caragana leucophloea* Pojark

【形态特征】灌木，树皮黄白色或黄色，有光泽；小枝有条棱，嫩时被短柔毛，常带紫红色。假掌状复叶有 4 片小叶，托叶在长枝者硬化成针刺，宿存，在短枝者脱落；叶柄在长枝者硬化成针刺，宿存，短枝上的叶无柄，簇生，小叶狭倒披针形，先端锐尖或钝，有短刺尖，两面绿色，无毛或被短伏贴柔毛。花梗单生或并生，无毛，关节在中部以上或以下；花萼钟状，萼齿三角形，锐尖或渐尖；花冠黄色，旗瓣宽倒卵形，瓣柄短，翼瓣向上渐宽，瓣柄长为瓣片的 1/3，龙骨瓣的瓣柄长为瓣片的 1/3，耳短；子房无毛。荚果圆筒形，内外无毛，花期 5~6 月，果期 7~8 月。

【分布与生境】生于干山坡、山前平原、山谷，昭苏县各山区均有分布。

【药用部位】根、花。

【成分】生物碱、萜类、苷类、黄酮、香豆素、有机酸、内酯类、氨基酸。

【功能主治】甘，温。根能滋补强壮，活血调经，祛风利湿。治疗高血压病，头昏头晕，耳鸣眼花，体弱乏力，月经不调，白带，乳汁不足，风湿性关节痛，跌打损伤等。花祛风活血，止咳化痰。治疗头晕耳鸣，肺虚咳嗽，小儿消化不良等症状。

鬼见愁锦鸡儿

【药材名】 鬼箭锦鸡儿

【来源】 豆科（Fabaceae）植物鬼见愁锦鸡儿 *Caragana jubata*（Pall.）Poir.

【形态特征】 多刺矮灌木，高 1～2m。基部分枝，茎多刺，树皮深灰色至黑色。偶数羽状复叶，小叶 4～6 对；叶轴宿存并硬化成刺；叶密集于枝的上部，小叶长椭圆形至线状长椭圆形，先端圆或急尖，有针尖，两面疏生柔毛，网脉不明显；托叶与叶柄基部贴生，不硬化成刺。花单生，花梗极短，基部有关节；花萼筒状，密生长柔毛，基部偏斜，萼齿 5，披针形；长为萼筒的 1/2；花冠蝶形，淡红色或近白色；子房长椭圆形，密生长柔毛。荚果长椭圆形，密生丝状长柔毛。花期 5～6 月，果期 7～8 月。

【分布与生境】 生于海拔 3000～5000m 的山坡或山顶灌林中，昭苏县各山区均有分布。

【药用部位】 根、枝叶。

【成分】 含生物碱、鞣质、皂苷、黄酮类化合物及挥发油。

【功能主治】 辛、苦、涩，寒。清热解毒，降压。用于乳痈，疮疖肿痛，高血压病。

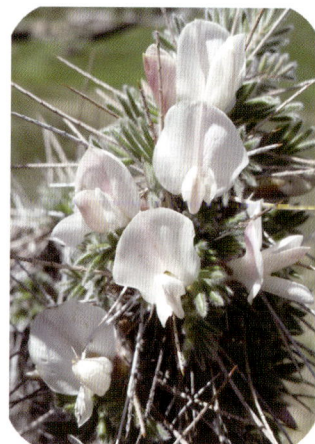

甘 草

【药材名】甘草

【来源】豆科（Fabaceae）植物甘草 *Glycyrrhiza uralensis* Bge.

【形态特征】多年生草本，根与根状茎粗状，外皮褐色，里面淡黄色。具甜味。茎直立，多分枝，密被鳞片状腺点、刺毛状腺体及白色或褐色的绒毛。托叶三角状披针形，两面密被白色短柔毛；叶柄密被褐色腺点和短柔毛；小叶 5～17 枚，卵形、长卵形或近圆形，上面暗绿色，下面绿色，两面均密被黄褐色腺点及短柔毛，边缘全缘或微呈波状。总状花序腋生，具多数花，总花梗短于叶，密生褐色的鳞片状腺点和短柔毛；苞片长圆状披针形，褐色，膜质；花萼钟状，密被黄色腺点及短柔毛，萼齿 5，花冠紫色、白色或黄色，旗瓣长圆形，顶端微凹，基部具短瓣柄，翼瓣短于旗瓣，龙骨瓣短于翼瓣；子房密被刺毛状腺体。荚果弯曲呈镰刀状或呈环状，密集成球，密生瘤状突起和刺毛状腺体。种子 3～11，暗绿色，圆形或肾形。花期 6～7 月，果期 7～8 月。

【分布与生境】生长在半干旱草原边缘、丘陵地带，昭苏县境内均有分布。

【药用部位】根及根茎。

【成分】甘草酸、甘草苷。

【功能主治】甘，平。和中缓急，润肺，解毒，调和诸药。治脾胃虚弱，腹痛便溏，劳倦发热，肺痿咳嗽，咽喉肿痛，消化性溃疡，痈疽疮疡，解药毒及食物中毒。

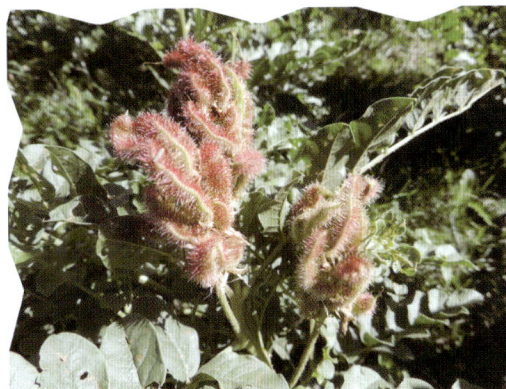

天山岩黄芪

【药材名】岩黄芪

【来源】豆科（Fabaceae）植物天山岩黄芪 *Hedysarum semenovii* Rgl. et Herd.

【形态特征】多年生草本。主根粗壮，长达1m以上。茎直立或稍斜升，多分枝，无毛或被伏贴柔毛。奇数羽状复叶，小叶3~7对，卵形、卵圆形、椭圆形或长椭圆形，先端略钝，全缘，下面被毛；托叶较大，褐色膜质。总状花序，总花梗粗长，有小花10~35朵；花萼无毛或被毛，萼齿较萼短，蝶形花冠黄色，旗瓣倒卵形，翼瓣较旗瓣短，具长耳，龙骨瓣较旗瓣显著长，有爪及短耳，子房无毛或被毛。荚果念珠状，荚节卵圆形，边缘有翅状齿。花期6~7月，果期8~9月。

【分布与生境】生长于天山北坡低山带，河谷、林缘、林中空地、灌丛草原、草甸草原中，昭苏县各山区均有分布。

【药用部位】根及根茎。

【成分】美迪紫檀素、白桦脂酸、鸟苷、胡萝卜苷。

【功能主治】甘，温。补气固表，利尿托毒，排脓，敛疮生肌。用于气虚乏力，中气下陷，久泻脱肛，便血崩漏，表虚自汗，气虚水肿，血虚萎黄，内热消渴，糖尿病等。

广布野豌豆

【药材名】透骨草

【来源】豆科（Leguminosae）植物广布野豌豆 *Vicia cracca* L.

【形态特征】多年生草本，高 40～150cm。根细长，多分支。茎攀援或蔓生，有棱，被柔毛。偶数羽状复叶，叶轴顶端卷须有 2～3 分支；托叶半箭头形或戟形，上部 2 深裂；小叶 5～12 对互生，线形、长圆或披针状线形，先端锐尖或圆形，具短尖头，基部近圆或近楔形，全缘；叶脉稀疏，呈三出脉状。总状花序与叶轴近等长，花多数，10～40 密集一面向着生于总花序轴上部；花萼钟状，萼齿 5，近三角状披针形；花冠紫色、蓝紫色或紫红色；旗瓣长圆形，中翼瓣与旗瓣近等长，明显长于龙骨瓣先端钝；子房有柄，胚珠 4～7，花柱弯曲。荚果长圆形或长圆菱形，先端有喙。种子 3～6，扁圆球形，种皮黑褐色。花果期 5～9 月。

【分布与生境】生于草甸、林缘、山坡、河滩草地及灌丛。昭苏县境内均有分布。

【药用部位】全草。

【功能主治】甘，平。祛风除湿，活血止痛。治风湿性关节肿痛，痈疽疔疮，痔疮，外伤。

玫红山黧豆

【药材名】香豌豆

【来源】豆科（Fabaceae）植物玫红山黧豆 *Lathyrus tuberosus* L.

【形态特征】多年生草本，具长圆形块根。茎无毛，无翅。具小叶1对，托叶狭半箭形，叶轴末端具分枝的卷须；小叶椭圆形或长圆形，先端圆钝，具细尖，基部楔形，具近平行的侧脉，两面无毛。总状花序腋生，具2~7朵花，总花梗长于叶，萼钟状，最下一萼齿稍短于萼筒；花玫瑰红色，有香味；旗瓣瓣片扁圆形或扁卵形，先端微凹，基部骤狭成瓣柄，翼瓣瓣片倒卵形，先端圆，基部具耳及线形瓣柄，龙骨瓣瓣片倒卵形，具耳；花丝长，略短于雄蕊鞘；子房线形，花柱扭转，先端增宽。荚果线形，棕色，无毛。种子椭圆形，种脐褐色，具小突起。花期6~8月，果期8~9月。

【分布与生境】生于草甸、山坡、灌丛或杂木林中，昭苏县境内均有分布。

【药用部位】全草。

【成分】山奈酚-3-葡萄糖苷、槲皮素等。

【功能主治】辛、甘，微温。祛痰止咳。用于肺气壅实、咳嗽痰多、胸满喘急。

牧地山黧豆

【药材名】香豌豆

【来源】豆科（Fabaceae）植物牧地山黧豆 *Lathyrus pratensis* L.

【形态特征】多年生草本，高 30～120cm，茎上升、平卧或攀缘。叶具 1 对小叶；托叶箭形，基部两侧不对称；叶轴末端具卷须，单一或分枝；小叶椭圆形、披针形或线状披针形，长 10～30 mm，宽 2～9mm，先端渐尖，基部宽楔形或近圆形，两面或多或少被毛，具平行脉。总状花序腋生，具 5～12 朵花，长于叶数倍。花黄色，花萼钟状，被短柔毛，最下 1 齿长于萼筒，旗瓣长约 14mm，瓣片近圆形，宽 7～9mm，下部变狭为瓣柄，翼瓣稍短于旗瓣，瓣片近倒卵形，基部具耳及线形瓣柄，龙骨瓣稍短于翼瓣，瓣片近半月形，基部具耳及线形瓣柄。荚果线形黑色，具网纹。种子近圆形，平滑，黄色或棕色。花期 6～8月，果期 8～9 月。

【分布与生境】生于草甸、山坡、灌丛或杂木林中，昭苏县境内均有分布。

【药用部位】全草。

【成分】山柰酚 – 3 – 葡萄糖苷、槲皮素等。

【功能主治】辛、甘，微温。祛痰止咳。用于肺气壅实、咳嗽痰多、胸满喘急。

31 牻牛儿苗科

草原老鹳草

【药材名】老鹳草

【来源】牻牛儿苗科（Geraniaceae）植物草原老鹳草 *Geranium pratense* L.

【形态特征】多年生草本，高 30～90cm。根状茎短而直立，具多数肉质粗痕，长 6～10cm。茎直立，略有白柔毛，向上分枝，枝上有开展的密腺毛。叶对生，肾状圆形，直径 2.5～6cm，7 深裂，裂片倒卵状楔形，上部深羽裂或羽状缺裂，上面略有短伏毛，下面叶脉上有疏柔毛；基生叶和下部茎生叶有长柄，3～4 倍于叶片，聚伞花序顶生，柄长 2～5cm，生 2 花；花柄和萼片有白色开展的密腺毛；花瓣蓝紫色，长过萼片 1.5 倍。蒴果长约 8cm。

【分布与生境】生于草原、林缘，昭苏县境内均有分布。

【药用部位】全草。

【成分】鞣质，槲皮素，没食子酸，挥发油。

【功能主治】苦，辛，温。消炎止血，通经活络，祛风湿。治风湿性关节炎，胃痛，咯血，肾结核，痢疾，肠炎，牙痛，骨折。

32　亚麻科

天山亚麻

【药材名】亚麻

【来源】亚麻科（Linaceae）植物天山亚麻 *Linum heterosepalum* Rgl.

【形态特征】多年生草本植物。茎直立，多在上部分枝，有时自茎基部亦有分枝，但密植则不分枝，基部木质化，无毛，韧皮部纤维强韧有弹性，构造如棉。叶互生；叶片线形、线状披针形或披针形，先端锐尖，基部渐狭，无柄，内卷，有 3 出脉。花单生于枝顶或枝的上部叶腋，组成疏散的聚伞花序；花梗直立；萼片 5，卵形或卵状披针形，先端凸尖或长尖，有 3 脉；中央一脉明显凸起，边缘膜质，无腺点，全缘，有时上部有锯齿，宿存；花瓣 5，倒卵形，蓝色或紫蓝色，稀白色或红色，先端啮蚀状；雄蕊 5 枚，花丝基部合生；退化雄蕊 5 枚，钻状；子房 5 室，花柱 5 枚，分离，柱头比花柱微粗，细线状或棒状，长于或几等于雄蕊。蒴果球形，干后棕黄色，直径 6～9mm，顶端微尖，室间开裂成 5 瓣；种子 10 粒，长圆形，扁平，棕褐色。花期 6～8 月，果期 7～10 月。

【分布与生境】生长于山地草甸、草甸草原或疏灌丛中，昭苏县各山区均有分布。

【药用部位】根。

【成分】亚油酸、亚麻酸、木酚素、三萜类化合物。

【功能主治】辛、甘，平。治大风疮癣。

阿尔泰亚麻

【药材名】亚麻

【来源】亚麻科（Linaceae）植物阿尔泰亚麻 *Linum altaicum* Ldb.

【形态特征】多年生草本，高 30～60cm。根粗壮，根茎木质化。茎直立，多数或丛生，光滑，中部以上分枝。叶散生或螺旋状排列，无柄，叶片条形或狭披针形，长 20～25mm，宽 2～2.5mm，先端渐狭，长渐尖或急尖，基部钝圆，两面无毛，3～5 脉。聚伞花序具不多的花，疏散排列；花梗直立，长于叶；苞片与叶同型；外萼片宽卵形或椭圆状卵形，长 5～7mm，宽约 2mm，先端急尖，具不明显的尖头，内侧萼片先端钝圆，边缘膜质；花瓣蓝色或蓝紫色，倒卵形，长为萼片的 3 倍，先端钝圆或微凹，基部渐狭成黄色的爪；雄蕊与萼片近等长，花丝基部合生，雌蕊与雄蕊近等长。蒴果黄棕色，卵球形，长 6～7mm，宽 4～5mm，下部围以宿存萼片。种子长卵形，亮褐色，长约 4mm，宽约 3mm。花期 6～7 月，果期 7～8 月。

【分布与生境】生长于山地草甸、草甸草原或疏灌丛中，昭苏县各山区均有分布。

【药用部位】根。

【成分】亚油酸、亚麻酸、木酚素、三萜类化合物。

【功能主治】辛、甘，平。治大风疮癣。

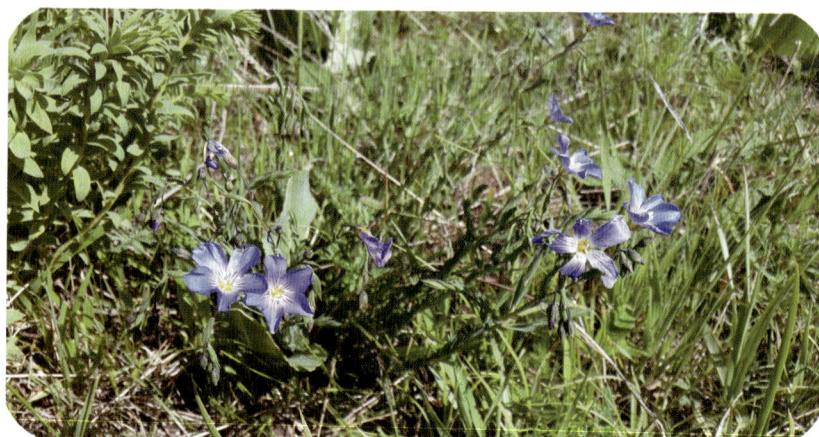

33 芸香科

新疆白鲜

【药材名】白鲜皮

【来源】芸香科（Rutaceae）植物新疆白鲜 *Dictamnus angustifolius* G. Don. ex Sweet.

【形态特征】多年生草本，根肉质，多侧根，外皮黄白至黄褐色。茎直立，多从基部分枝，有香味，有密集的长绒毛，下部光滑，有时有短毛。奇数羽状复叶，小叶 5～6 对，有时 3～7 对，长圆形或长椭圆形，长 5～10cm，宽 2～3cm，基部钝楔形，顶端渐尖，边缘有细小的锯齿，向背面卷曲，背面沿叶脉有稀疏的白毛，表面光滑；叶轴具毛，基部不呈翅状。花序总状，着生在茎顶端，密生暗褐色的腺毛和淡褐色毛；苞片线状披针形，密生暗褐色腺毛；萼片 5，披针状线形，长 7～9mm，顶端尖锐，密生腺毛；花冠披针形或长圆形，长 2～4.5cm，淡粉红色，有紫褐色脉，顶端尖锐或钝，基部渐收缩呈爪状；雄蕊 10，分离，花药近于球形，雄蕊丝全部有毛；雌蕊 1 个，花柱光滑，子房有稀疏的白毛。果实为蒴果，成熟时分裂，每一裂片沿内侧及上端开裂，外果皮灰绿色，表面有油腺和细毛，内果皮黄色；种子 2～3 粒，近球形。花期 5～7 月，果期 8～9 月。

【分布与生境】生长在山地林下及灌木丛中、山地阳坡石质坡地上，昭苏县阿克达拉乡山区有分布。

【药用部位】根。

【成分】秦皮酮、黄柏酮、柠檬苦素、柠檬苦素地奥酚等。

【功能主治】苦，咸，寒。清热解毒，祛风化湿，止痒。治皮肤瘙痒，荨麻疹，黄水疮，疥癣，急、慢性肝炎，风湿性关节炎；外用治淋巴结炎，外伤出血。

34　远志科

新疆远志

【药材名】远志

【来源】远志科（Polygalaceae）植物新疆远志 *Polygala hybrida* DC.

【形态特征】多年生草本，茎通常多数丛生，被极短的卷曲微柔毛。单叶互生，叶片薄纸质或膜质，椭圆形或狭披针形，先端钝，基部渐狭，全缘，绿色，主脉上面凹陷，背面突起，侧脉直升，不明显，无叶柄。总状花序顶生，花密集，花梗短，长约2mm，无毛；具小苞片3枚，钻状三角形，萼片5，膜质，宿存，外面3枚椭圆状披针形，先端钝，具细缘毛，里面2枚大，花瓣状，椭圆形，先端钝至近圆形，基部具爪，5脉；花瓣3，紫红色，侧瓣长椭圆形，偏斜，中部以下与龙骨瓣合生，先端略尖，龙骨瓣短于侧瓣，鸡冠状附属物条状微裂；雄蕊8，花丝长约4.5mm，全部合生成鞘，鞘内被柔毛，花药卵形；子房长椭圆形，具狭翅，无毛，花柱长2.5mm，由下向上逐渐加宽，顶端毛笔状，柱头生其中部。蒴果长圆形，具翅，无毛。种子除种阜外密被绢毛。花期5~7月，果期6~9月。

【分布与生境】生于山坡林下、草地或河滩砂质土壤上，昭苏县各山区均有分布。

【药用部位】根，全草。

【成分】含皂苷、树脂。

【功能主治】苦、辛，温。祛痰利窍，益智安神。治神经衰弱，心悸，支气管炎等疾症。

35　大戟科

地锦草

【药材名】地锦

【来源】大戟科（Euphorbiaceae）植物地锦 *Euphorbia humifusa* Willd. ex Schlecht.

【形态特征】一年生草本。根纤细，常不分枝。茎匍匐，自基部以上多分枝，偶尔先端斜向上伸展，基部常红色或淡红色，被柔毛或疏柔毛。叶对生，矩圆形或椭圆形，先端钝圆，基部偏斜，略渐狭，边缘常于中部以上具细锯齿；叶面绿色，叶背淡绿色，有时淡红色，两面被疏柔毛；叶柄极短。花序单生于叶腋，基部具 1～3mm 的短柄；总苞陀螺状，边缘 4 裂，裂片三角形；腺体 4，矩圆形，边缘具白色或淡红色附属物。雄花数枚，近与总苞边缘等长；雌花 1 枚，子房柄伸出至总苞边缘；子房三棱状卵形，光滑无毛；花柱 3，分离；柱头 2 裂。蒴果三棱状卵球形，成熟时分裂为 3 个分果，花柱宿存。种子三棱状卵球形，灰色。花果期 5～9 月。

【分布与生境】生于田野路旁及庭院间，昭苏县境内均有分布。

【药用部位】全草。

【成分】没食子酸、没食子甲脂、槲皮苷、槲皮素、肌醇和鞣酸等。

【功能主治】辛，平。清热解毒，凉血止血。治痢疾，泄泻，咳血，尿血，便血，崩漏，疮疖痈肿。

天山大戟

【药材名】大戟

【来源】大戟科（Euphorbiaceae）植物天山大戟 *Euphorbia tianschanica* Prokh.

【形态特征】多年生草本，全株无毛。根圆柱状，分枝。茎基部多分枝，略带紫色。叶互生，于基部呈鳞片状，紫色或淡红色，密集着生；茎生叶椭圆形，先端圆，基部近圆；无柄或具极短的柄；叶脉羽状，不明显；总苞叶 5～8 枚，宽卵形，先端略窄，基部近圆；伞幅 5～8，苞叶 2 枚，三角状卵形，先端渐尖，基部近平截。花序单生于二歧分枝顶端，基部无柄；总苞钟状，边缘 4 裂，裂片三角形，略内弯，边缘及内侧密生白色柔毛，外侧被白色疏柔毛；腺体 4，肾形，基部具短柄，暗褐色，近直立，稀被疏柔毛。雄花多数，略伸出总苞外；雌花 1 枚，子房柄不伸出总苞外；子房被稀疏短柔毛；花柱 3，中部以下合生；柱头两裂。蒴果近球状，略被稀疏短柔毛，先端具宿存的花柱；成熟时分裂为 3 个分果。种子卵球状，淡灰色具褐色纹饰，光滑；具种阜。花果期 6～9 月。

【分布与生境】生于草甸、沙质及石质山坡、灌丛和岩石缝中，昭苏县境内均有分布。

【药用部位】根。

【成分】大戟苷，胶质，生物碱。

【功能主治】苦，寒，有毒。逐水消肿，散结。治水肿胀满，痰饮积聚，痈肿疔毒，二便不通。

准噶尔大戟

【药材名】大戟

【来源】大戟科（Euphorbiaceae）植物准噶尔大戟 *Euphorbia soongarica* Boiss.

【形态特征】多年生草本，全株光滑无毛。根圆柱状，茎直立，多丛生，具条纹，中部以上多分枝，顶部二歧分枝。叶互生，倒披针形或狭长圆形，先端渐尖或锐尖，基部楔形；叶上部边缘具细锯齿；侧脉羽状，数对；叶柄近无；总苞叶卵形至长圆形，伞幅 3~5 条；苞叶 2 枚，同总苞叶。花序单生于分枝顶端；总苞钟状，先端 5 裂，裂片半圆形至卵圆形，边缘和内侧具缘毛；腺体 5，半圆形，淡褐色。雄花多数，雌花 1 枚，子房柄明显伸出总苞之外；子房光滑无毛；花柱 3，近基部合生；柱头 2 裂。蒴果近球状，光滑或有时具不明显的稀疏疣点；花柱宿存；成熟时分裂为 3 个分果。种子卵球状，黄褐色。花期 5~6 月，果期 7~8 月。

【分布与生境】生于河谷、盐化草甸、低山坡及田边路旁，昭苏县境内均有分布。

【药用部位】根。

【成分】大戟苷，胶质，生物碱。

【功能主治】苦，寒，有毒。逐水消肿，散结。治水肿胀满，痰饮积聚，痈肿疔毒，二便不通。

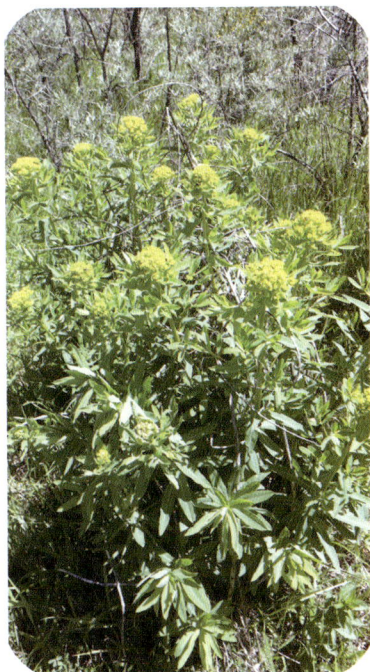

36 卫矛科

天山卫矛

【药材名】卫矛

【来源】卫矛科（Celastraceae）植物天山卫矛 *Euonymus semenovii* Rgl.

【形态特征】灌木，高 1～3m；小枝常具 2～4 列宽阔木栓翅；冬芽圆形，长 2mm 左右，芽鳞边缘具不整齐细坚齿。叶卵状椭圆形、窄长椭圆形，偶为倒卵形，长 2～8cm，宽 1～3cm，边缘具细锯齿，两面光滑无毛；叶柄长 1～3mm。聚伞花序 1～3 花；花序梗长约 1cm，小花梗长 5mm；花白绿色，直径约 8mm，4 数；萼片半圆形；花瓣近圆形；雄蕊着生花盘边缘处，花丝极短，开花后稍增长，花药宽阔长方形，2 室顶裂。蒴果 1～4 深裂，裂瓣椭圆状，长 7～8mm；种子椭圆状或阔椭圆状，长 5～6mm，种皮褐色或浅棕色，假种皮橙红色，全包种子。花期 5～6 月，果期 7～10 月。

【分布与生境】生长于山坡、草原、谷地，昭苏县境内均有分布。

【药用部位】嫩枝、根。

【成分】槲皮素、酮类、卫矛胶、欧卫矛苷和脂肪油。

【功能主治】苦，寒。破血消瘀，止痛，杀虫。治产后瘀血，关节炎，痈疮红肿。

37　凤仙花科

小凤仙花

【药材名】水指甲

【来源】凤仙花科（Balsaminaceae）小凤仙花 *Impatien parviflora* DC.

【形态特征】一年生草本，高 30 ~ 60cm，有纤维状根。茎多汁，直立，分枝或不分枝。叶互生，椭圆形或卵状椭圆形，长 6 ~ 15cm，宽 2 ~ 5cm，先端渐尖，基部楔形，边缘有具小尖的圆锯齿，侧脉 5 ~ 7 对，叶柄长 1 ~ 2.5cm。总花梗腋生，花 4 ~ 12 朵排成总状花序；花梗纤细，基部有 1 披针形苞片，苞片小，宿存；花较大，黄色，旗瓣宽倒卵形；翼瓣近无柄，2 裂，基部裂片矩圆形；上部裂片大，矩细而长，长 2 ~ 4mm；侧生翼瓣 3 浅裂。蒴果线状长圆形。花果期 7 ~ 9 月。

【分布与生境】生于山坡林下、林缘或山谷水旁及沼泽地，昭苏县境内均有分布。

【药用部位】全草、根。

【成分】萘醌、黄酮类、香豆素类、甾醇类等成分。

【功能主治】辛，温。活血化瘀通经，软坚消积，祛风止痛，消肿解毒。治闭经，跌打损伤，瘀血肿痛，风湿性关节炎，痈疖疔疮，蛇咬伤，手癣。

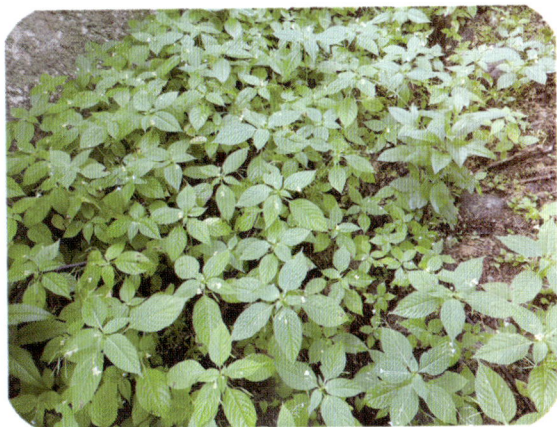

38　鼠李科

新疆鼠李

【药材名】鼠李

【来源】鼠李科（Rhamnaceae）植物新疆鼠李 *Rhamnus songorica* Gontsch.

【形态特征】灌木，高约1m。树皮灰褐色，小枝互生红褐色，被微柔毛或近无毛，枝端具钝刺。叶纸质，互生，或在短枝上簇生，椭圆形或矩圆形，稀披针状椭圆形，顶端钝，基部楔形，全缘或中部以上有不明显的疏细锯齿，上面灰绿色，下面黄绿色，无毛或仅基部和叶柄有微毛，中脉上面下陷，下面凸起，侧脉每边3~4条，不明显；叶柄长2~3mm；托叶钻形，宿存。花单性，雌雄异株，雄花10~20个，雌花数个簇生于短枝上，4基数，具花瓣，花梗长2~3mm；雌花黄绿色，萼片三角状卵形，具3脉，花瓣矩圆状卵形，有退化雄蕊，子房球形，3室，每室有1胚珠，花柱3半裂。核果球形，直径约6mm，成熟时黑色，具2~3分核，基部有宿存的萼筒；种子矩圆形，黄褐色，有光泽。花期5~6月，果期7~8月。

【分布与生境】生于山谷灌丛或山坡林下或河滩地，昭苏县阿合牙孜沟有分布。

【药用部位】果实、树皮。

【成分】大黄素、大黄酚、蒽酚。

【功能主治】苦，甘，凉。清热利湿，消积通便，杀虫。治腹胀，疝瘕，瘰疬，疮疡，便秘。

39 锦葵科

锦 葵

【药材名】锦葵

【来源】锦葵科（Malvaceae）植物锦葵 *Malva sinensis* Cavan.

【形态特征】二年生或多年生直立草本植物，高 50～90cm，分枝多，疏被粗毛。叶圆心形或肾形，具 5～7 圆齿状钝裂片，宽几相等，基部近心形至圆形，边缘具圆锯齿，两面均无毛或仅脉上疏被短糙伏毛；叶柄长 4～8cm，近无毛；托叶偏斜，卵形，具锯齿，先端渐尖。花 3～11 朵簇生，花梗长 1～2cm，无毛或疏被粗毛；小苞片 3，长圆形，先端圆形，疏被柔毛；萼裂片 5，宽三角形，两面均被星状疏柔毛；花紫红色或白色，花瓣 5，匙形，长 2cm，先端微缺，爪具髯毛；雄蕊柱被刺毛，花丝无毛；花柱分枝 9～11，被微细毛。果扁圆形，分果 9～11，肾形，被柔毛；种子黑褐色，肾形，长 2mm。花果期 6～9 月。

【分布与生境】生于田野路旁及庭院间，昭苏县境内均有分布。

【药用部位】茎、叶、花。

【成分】锦葵花苷，黏液质。

【功能主治】咸，寒。清热利湿，理气通便。治大便不畅，脐腹痛，瘰疬，带下病。

圆叶锦葵

【药材名】苏黄芪

【来源】锦葵科（Malvaceae）植物圆叶锦葵 *Malva nudinlora* L.

【形态特征】多年生草本，根深而粗大。植株较小，高 25 ~ 50cm，茎分枝多而匍生，略有粗毛。叶互生，肾形，先端圆钝，基部心形，常为 5 ~ 7 浅裂，裂片边缘有细圆齿，上面疏被星状柔毛，下面被长柔毛；叶柄长 3 ~ 12cm；托叶小，卵状渐尖。花在上部 3 ~ 5 朵簇生或单生；花梗长 2 ~ 5cm；小苞片 3，披针形；花萼钟形，裂片 5；花梗、小苞片和花萼均被星状柔毛；花冠白色或粉红色，花瓣 5，倒心形；雄蕊柱被短柔毛。果实扁圆形，灰褐色。种子近圆形，种脐黑褐色，花果期 4 ~ 9 月。

【分布与生境】多生长于荒野、路旁和草坡。昭苏县境内均有分布。

【药用部位】根。

【功能主治】甘，温。益气止汗，利尿通乳，托毒排脓。治贫血，乳汁缺少，自汗，盗汗，肺结核咳嗽，肾炎。

白花蜀葵

【药材名】蜀葵

【来源】锦葵科（Malvaceae）植物白花蜀葵 *Althaea nudinlora* Lindl.

【形态特征】多年生草本，高达2m，茎枝密被刺毛。叶近圆心形，掌状5~7浅裂或波状棱角，裂片三角形或圆形，中裂片长约3cm，宽4~6cm，上面疏被星状柔毛，粗糙，下面被星状长硬毛或绒毛；叶柄被星状长硬毛；托叶卵形，先端具3尖。花腋生，单生或近簇生，排列成总状花序式，具叶状苞片，花梗被星状长硬毛；小苞片杯状，常6~7裂，裂片卵状披针形，密被星状粗硬毛，基部合生；萼钟状，5齿裂，裂片卵状三角形，密被星状粗硬毛；花白色，花瓣倒卵状三角形，雄蕊柱无毛，长约2cm，花丝纤细，花药黄色。分果近圆形，具纵槽。化果期6~9月。

【分布与生境】生长于山地草原上，昭苏县萨尔阔布乡有分布。

【药用部位】根、花、种子。

【成分】蜀葵苷、糖类。

【功能主治】甘、咸，寒。清热止血，消肿解毒，通利二便。治便秘，尿路结石，白带腹痛，痈疖肿痛，吐血，血崩，痢疾。

40 藤黄科

贯叶连翘

【药材名】贯叶连翘

【来源】藤黄科（Hypericaceae）植物贯叶连翘 *Hypericum perforatum* L.

【形态特征】多年生草本，高 30 ~ 100cm，植株光滑。茎直立，多分枝，茎、枝两侧各有 1 条纵棱。叶椭圆形以至线形，先端钝，基部圆形或宽楔形，无柄，有时抱茎，边缘平或大部分内卷，叶面有透明腺点和少数黑色腺体，聚伞花序，顶生；萼片 5 个，披针形，外面有黑色腺体；花瓣 5 个，黄色，长圆形或椭圆形，表面有透明的腺点，边缘有黑色腺点；雄蕊多数，成 3 束；子房卵形，花柱 3，分离，2 倍长于子房。蒴果长网状卵形，褐色，有黄色纵纹和水泡状突起；种子小，圆柱形，棕褐色，有蜂窝状的小窝。花期 5 ~ 8 月，果期 9 月。

【分布与生境】生于山坡、路旁、草地、林下及河边等处，昭苏县各山区均有分布。

【药用部位】全草。

【成分】含黄酮苷、鞣质、挥发油、树脂、维生素 C、胡萝卜素、芸香苷、金丝桃苷等。

【功能主治】辛，凉。清热解毒，消肿散瘀，收敛止血，调经通乳，利湿。治急慢性肝炎，风热感冒，咽喉疼痛，尿路感染，月经不调，外伤出血。

41 柽柳科

多花柽柳

【药材名】柽柳

【来源】柽柳科（Tamaricaceae）植物多花柽柳 *Tamarix hohenackeri* Bge.

【形态特征】灌木或小乔木，老枝树皮灰褐色，嫩枝条暗红紫色。绿色营养枝上的叶小，线状披针形或卵状披针形，略具齿，半抱茎；木质化生长枝上的叶几抱茎，卵状披针形。总状花序侧生在去年生的木质化的生长枝上，多为数个簇生，无总花梗；苞片条状长圆形、条形或倒卵状狭长圆形，花梗与花萼等长或略长；花5数，萼片卵圆形，先端钝尖，边缘膜质，齿牙状，花瓣卵形、卵状椭圆形或近圆形，玫瑰色或粉红色，常互相靠合致花冠呈鼓形或球形；花盘肥厚，暗紫红色，5裂，裂片顶端钝圆或微凹；雄蕊5，花丝渐狭细，着生在花盘裂片间，花药心形，钝；花柱3，棍棒状匙形，花果期5~9月。

【分布与生境】生于河谷、河滩、山前冲积扇砂砾质戈壁上，昭苏县各山区均有分布。

【药用部位】嫩枝、叶和果穗。

【成分】含鞣质、槲皮素、黄酮化物。

【功能主治】甘、咸，平。祛风除湿，利尿，解表。治麻疹不透，流感，皮肤瘙痒。

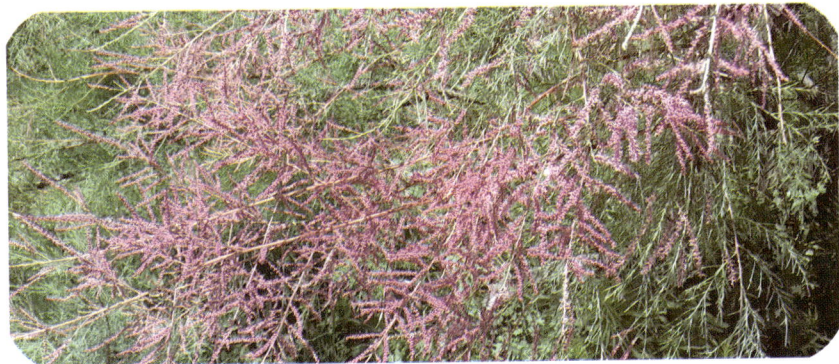

宽苞水柏枝

【药材名】水柏枝

【来源】柽柳科（Tamaricaceae）植物宽苞水柏枝 *Myricaria bracteata* Royle.

【形态特征】灌木，多分枝；老枝灰褐色或紫褐色，嫩枝红棕色或黄绿色，有光泽和条纹。叶密生于当年生绿色小枝上，卵状披针形、线状披针形或狭长圆形，先端钝或锐尖。总状花序顶生于当年生枝条上，密集呈穗状；苞片通常宽卵形或椭圆形，有时呈菱形，先端渐尖，边缘为膜质，花梗长约1mm；萼片披针形，长圆形或狭椭圆形，具宽膜质边；花瓣倒卵形或倒卵状长圆形，先端圆钝，具脉纹，粉红色、淡红色或淡紫色，果时宿存；雄蕊略短于花瓣，子房圆锥形，柱头头状。蒴果狭圆锥形。种子狭长圆形或狭倒卵形，顶端芒柱一半以上被白色长柔毛。花期6~7月，果期8~9月。

【分布与生境】生于河谷、河滩、山前冲积扇砂砾质戈壁上，昭苏县各山区均有分布。

【药用部位】嫩枝。

【成分】黄酮类、三萜类、木脂素。

【功能主治】辛、甘，温。解表透疹，祛风止痒。治麻疹不透，风湿痹痛，癣证。

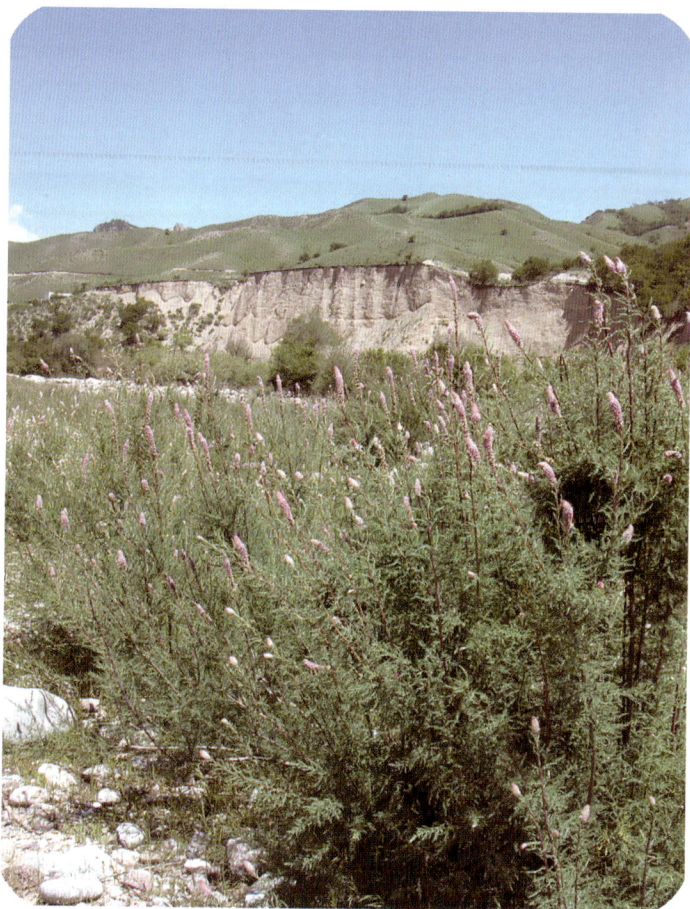

42　董菜科

裂叶堇菜

【药材名】疔毒草

【来源】董菜科（Violaceae）植物裂叶堇菜 *Viola dissecta* Ldb.

【形态特征】多年生草本，根茎粗短，节密，自下部发出数条较肥厚的淡黄色根。无地上茎，基生叶叶片轮廓呈圆形、肾形或宽卵形，通常 3 全裂，两侧裂片具短柄，常 2 深裂，中裂片 3 深裂，裂片线形、长圆形或狭卵状披针形，边缘全缘或疏生不整齐缺刻状钝齿，最终裂片全缘，通常有细缘毛，下面叶脉明显隆起并被短柔毛或无毛；托叶近膜质，狭披针形，淡绿色。花较大，淡紫色至紫堇色；在花梗中部以下有 2 枚线形小苞片；萼片卵形、长圆状卵形或披针形，边缘狭膜质，具 3 脉，上方花瓣长倒卵形，上部微向上反曲，侧方花瓣长圆状倒卵形，下方花瓣连距，距明显，圆筒形，末端钝而稍膨胀；下方雄蕊之距细长，子房卵球形，无毛，花柱棍棒状，前方具短喙，喙端具明显的柱头孔。蒴果长圆形或椭圆形，先端尖，果皮坚硬，无毛。花果期 5～9 月。

【分布与生境】多生于山坡草地、杂木林缘、灌丛下，昭苏县各山区均有分布。

【药用部位】全草。

【成分】含挥发油、鞣质、生物碱、黏液质。

【功能主治】辛，苦，微寒。清热解毒，消痈肿。治感冒发烧，疔疮肿毒，淋巴肿大，麻疹热毒。

天山堇菜

【**药材名**】紫花地丁

【**来源**】堇菜科（Violaceae）植物天山堇菜 *Viola tianschanica* Maxim.

【**形态特征**】多年生草本，全株光滑。根状茎短，垂直，比较粗，根黄色或淡褐色。无地上茎。叶基生，叶片卵状或长圆状卵形，比较厚，先端钝，基部收缩成柄，与叶片近等长，托叶披针形或宽披针形，白膜质。花两侧对称，有长梗，基生；花梗与叶等长或稍超出叶，苞片2个，披针形，萼片长圆状卵形，先端渐尖，花瓣淡紫色或下面的黄白色，有紫色小条纹，倒卵形，侧瓣无髯毛，下瓣倒心形，基部有短距。子房光滑。花柱先端弯曲，有小喙。蒴果卵形，光滑。花果期5～9月。

【**分布与生境**】多生于山坡草地、杂木林缘、灌丛下，昭苏县各山区均有分布。

【**药用部位**】全草。

【**成分**】含挥发油、鞣质、生物碱、黏液质。

【**功能主治**】辛，苦，微寒。清热解毒，消痈肿。治感冒发烧，疔疮肿毒，淋巴肿大，麻疹热毒。

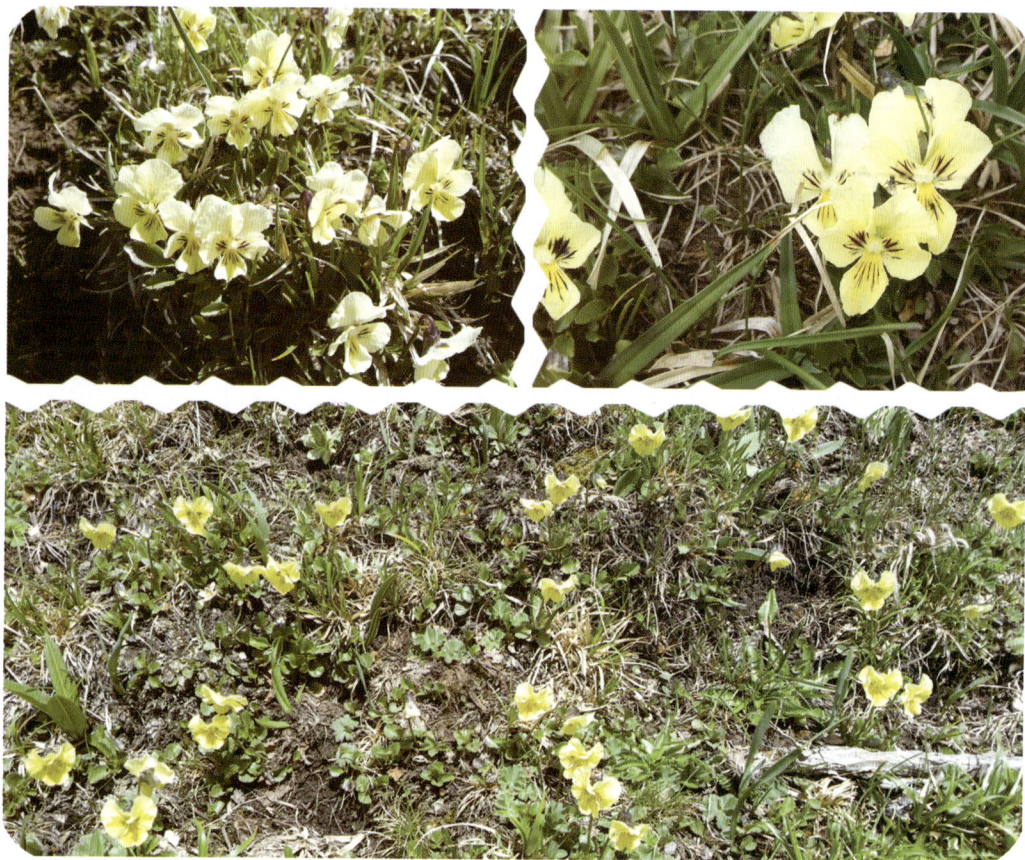

深山菫菜

【药材名】紫花地丁

【来源】菫菜科（Violaceae）植物深山菫菜 *Viola selkirkii* Pursh

【形态特征】多年生草本，无地上茎和匍匐枝，根状茎细，具较长的节间和不明显的节，生多条白色细根。叶基生，呈莲座状；叶片薄纸质，心形或卵状心形，先端稍急尖或圆钝，基部狭深心形，边缘具钝齿，两面疏生白色短毛；托叶淡绿色，披针形，边缘疏生具腺体的细齿。花淡紫色，具长梗；通常在中部有 2 枚小苞片；小苞片线形，边缘疏生细齿；萼片卵状披针形，先端急尖，具狭膜质缘，有 3 脉，花瓣倒卵形，侧方花瓣无须毛；距较粗，末端圆；子房无毛，花柱棍棒状，柱头顶部平坦，前方具明显短喙，喙端具向上柱头孔。蒴果较小，椭圆形，先端钝。种子多数，卵球形，淡褐色。花果期 5~8 月。

【分布与生境】多生于山坡草地、杂木林缘、灌丛下，昭苏县各山区均有分布。

【药用部位】全草。

【成分】含挥发油、鞣质、生物碱、黏液质。

【功能主治】辛，苦，微寒。清热解毒，消痈肿。治感冒发烧，疗疮肿毒，淋巴肿大，麻疹热毒。

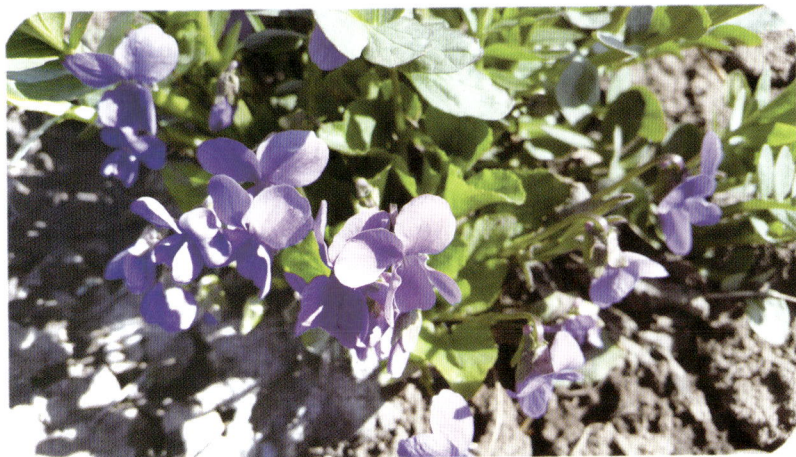

尖叶堇菜

【**药材名**】紫花地丁

【**来源**】堇菜科（Violaceae）植物尖叶堇菜 *Viola acutifolia*（Kar. et Kir.）W. Bckr.

【**形态特征**】多年生草本。根状茎斜生或垂直，密生多数黄褐色细根。地上茎通常多弯曲，无毛或下部有开展的柔毛。基生叶1或2；叶片心形或肾形，先端钝或具短尖，基部深心形，两面近无毛或疏生细毛；茎下部仅生1叶，具长柄，叶腋间无花，茎顶部之叶近轮生状，具短柄，叶片宽，卵形，先端渐尖，基部心形，边缘具疏锯齿，两面疏被柔毛。托叶卵状披针形，先端急尖，全缘或疏生流苏状齿。花淡黄色，通常多为2朵生于茎顶叶腋间；花梗较叶短，中部以上有2枚线形小苞片；萼片线状披针形或线形，先端稍尖，基部附属物极短，具3脉；花瓣倒卵形，有紫色脉纹，下方花瓣较短，蒴果长圆形，无毛。花果期5~8月。

【**分布与生境**】多生于山坡草地、杂木林缘、灌丛下，昭苏县各山区均有分布。

【**药用部位**】全草。

【**成分**】含挥发油、鞣质、生物碱、黏液质。

【**功能主治**】辛，苦，微寒。清热解毒，消痈肿。治感冒发烧，疔疮肿毒，淋巴肿大，麻疹热毒。

43　瑞香科

阿尔泰假狼毒

【药材名】狼毒

【来源】瑞香科（Thymelaeaceae）植物阿尔泰假狼毒 *Stelleropsisaltaica. altaica*（Thieb.）Pobed.

【形态特征】多年生直立草本，高 20～50cm；根茎木质，少分枝，褐色；茎单一，直立，不分枝，基部稍木质，具较多的叶痕迹。叶密，散生，草质，椭圆形，长 20～25mm，宽 5～10mm，先端钝形或急尖，基部楔形，稀钝圆形，边缘全缘，两面绿色，无毛，中脉明显，侧脉 3～5 对，近基部一对通常较长，两面有时明显；叶柄短，长 1～1.5mm。花带红色，芳香，穗状花序初较短，后伸长，长 3～7cm；花萼筒细圆筒状，长 8～10mm，无毛，裂片 4，宽披针形，长 5～6mm，宽 2.5～3mm，先端渐尖；雄蕊 8，2 轮，均着生花萼筒的中部以上，两轮间相距 1～1.5mm，花丝短，花药长，长圆形，长 1.5mm，顶端和基部均凹陷；花盘偏斜，全缘，包围子房柄；子房椭圆形，具柄，顶端被毛，花柱长 1mm，柱头球状。坚果暗绿色，梨形，无毛，为花萼筒关节之下部包围。花期 5～6 月，果期 7～8 月。

【分布与生境】生长于海拔 1000～2000 米的干旱石坡、丘陵干旱山坡、丘陵灌丛等处，昭苏县浅山区有分布。

【药用部位】根。

【成分】含木脂素类、香豆素类、酚类等。

【功能主治】有逐水祛痰，破疾杀虫之功效。治水肿腹胀、痰、食、虫积，心腹疼痛，慢性气管炎，咳嗽气喘，淋巴、皮肤、骨、附睾等结核，疥癣等症。

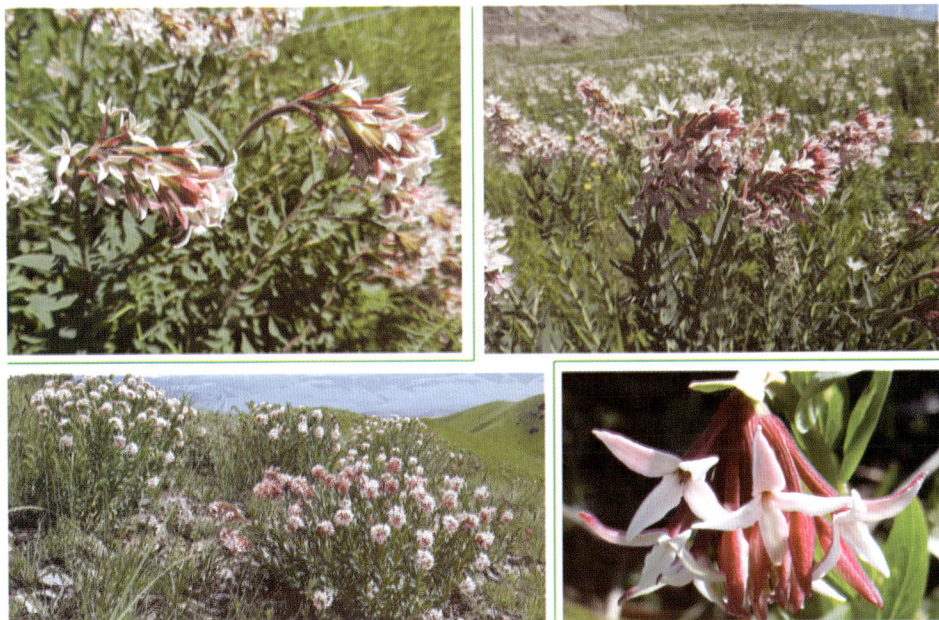

天山假狼毒

【**药材名**】狼毒

【**来源**】瑞香科（Thymelaeaceae）植物天山假狼毒 *Stelleropsis tianschanica* Pobed.

【**形态特征**】多年生草本，高 15～30cm；根茎木质，黄褐色或淡褐色；茎直立，10～20 条自基部发出，不分枝，草质或近基部稍木质，无毛，具小的叶脱落后的痕迹，绿色。叶散生，草质，长圆状椭圆形至长椭圆形，顶端急尖或稍渐尖，基部宽楔形，边缘全缘，不反卷或有时微反卷，通常散生少数白色细柔纤毛，绿色，两面无毛，中脉明显，两面扁平或下面稍隆起，侧脉 3～5 对，基部第 2 对较长，两面稍明显；叶柄短，粗壮，基部具关节，扁平。花淡粉红色，多花组成头状或短穗状花序，顶生，无苞片；花梗短，无毛，顶端具明显的关节，花萼筒漏斗状圆筒形，无毛，花后在子房上部收缩，具关节，关节之下宿存，关节之上脱落，裂片 4，长卵形或卵状披针形，先端钝尖；雄蕊 8，2 轮，着生于花萼筒关节之上，上轮生于喉部以下，花丝短，花药长圆形，两端凹下；花盘环状，偏斜，围绕子房基部，边缘宽凸起，牙齿状；子房椭圆形或近长圆形，顶端或中部以上具褐色长柔毛，花柱短，纤细，柱头球形。坚果绿色，包藏于宿存的花萼筒基部，椭圆形。花期 6 月，果期 8 月。

【**分布与生境**】生长于海拔 1700～2000 米的山坡草地，昭苏县各山区均有分布。

【**药用部位**】根。

【**成分**】含木脂素类、香豆素类、酚类等。

【**功能主治**】有逐水祛痰，破疾杀虫之功效。治水肿腹胀，痰、食、虫积，心腹疼痛，慢性气管炎，咳嗽气喘，淋巴、皮肤、骨、附睾等结核，疥癣等症。

44　胡颓子科

沙　棘

【药材名】醋柳果

【来源】胡颓子科（Elaeagnaceae）植物沙棘 *Hippophae rhamnoides* L.

【形态特征】落叶灌木或乔木，高 1.5 ~ 3 米，棘刺较多，粗壮，顶生或侧生；嫩枝褐绿色，密被银白色而带褐色鳞片或有时具白色星状柔毛，老枝灰黑色，粗糙；芽大，金黄色或锈色。单叶通常近对生，与枝条着生相似，纸质，狭披针形或矩圆状披针形，长 30 ~ 80mm，宽 4 ~ 10mm，两端钝形或基部近圆形，基部最宽，上面绿色，初被白色盾形毛或星状柔毛，下面银白色或淡白色，被鳞片，无星状毛；叶柄极短，几无或长 1 ~ 1.5mm。果实圆球形，直径 4 ~ 6mm，橙黄色或橘红色；果梗长 1 ~ 2.5mm；种子小，阔椭圆形至卵形，有时稍扁，长 3 ~ 4.2mm，黑色或紫黑色，具光泽。花期 4 ~ 5 月，果期 9 ~ 10 月。

【分布与生境】常生于海拔 1200 ~ 3000 米向阳的山嵴、谷地、干涸河床地或山坡，昭苏县各山区、平原、河滩次生林中均有分布。

【药用部位】果实、树皮。

【成分】维生素 C、维生素 E，脂肪酸，微量元素，沙棘黄酮，鞣质，生物碱。

【功能主治】果酸，涩，温。树皮苦、涩，寒。清热解毒，止咳祛痰，消食化滞，散瘀止痛。治咳嗽痰多，口舌生疮，消化不良，食积腹痛，跌仆瘀肿，瘀血经闭，烧伤，肿瘤。

45　柳叶菜科

柳　兰

【药材名】铁筷子

【来源】柳叶菜科（Onagraceae）植物柳兰 *Chamaenerion angustifolium*（L.）Scop.

【形态特征】多年生粗壮草本，直立，丛生；根状茎长达 2 米，木质化，茎高 20 ~ 130cm，不分枝或上部分枝，圆柱状，无毛。叶螺旋状互生，披针形，无叶柄，边缘有细锯齿，两面被微毛，具短柄。总状花序成密集的长穗状顶生，长 30 ~ 60cm，有花 90 ~ 100 朵，花序轮轴被短柔毛，苞片条形，花大，两性，紫红色，萼筒裂片 4 枚，条状披针形，外面被短柔毛；花瓣 4，倒卵形，顶端钝圆，基部具爪；雄蕊 8；子房下位，柱头 4 枚。蒴果圆柱形，长 7 ~ 10cm，密被白色柔毛；种子多数，顶端具 1 簇白色种缨。花期 6 ~ 8 月，果期 8 ~ 9 月。

【分布与生境】生于山坡林缘、林下及河谷湿草地，昭苏县各山区均有分布。

【药用部位】全草、根茎。

【成分】鞣质、绿原酸、没食子酸、糖类。

【功能主治】苦，温。消肿利水，下乳，润肠。治乳汁不足，气虚浮肿。

宽叶柳兰

【药材名】铁筷子

【来源】柳叶菜科（Onagraceae）植物宽叶柳兰 *Chamaenerion latifolium* （L.）Sw. et Lange

【形态特征】多年生草本，茎直立，常丛生；根状茎粗 0.4 ~ 1cm，木质化，茎高 15 ~ 45cm，不分枝，无毛。叶螺旋状互生，叶近革质，卵形至椭圆状披针形，全缘，两面淡绿色，侧脉不明显。总状花序直立，序轴被糙伏毛；苞片叶状，花蕾长圆状倒卵球形，顶端锐尖；子房紫色，密被灰白色柔毛；萼片长圆状披针形，紫红色，花瓣玫瑰红或粉红色，倒卵形或长圆状倒卵形，先端圆形；花药长圆形或椭圆状长圆形，花丝近等长，花柱强烈反折，无毛；柱头白色，4 深裂，上面具乳突，开花时外弯。蒴果圆柱形；种子棱形，顶端具短喙，表面近平滑，种缨黄褐色或带灰色。花期 6 ~ 8 月，果期 8 ~ 10 月。

【分布与生境】生于河滩砾石地或草坡，昭苏县各山区均有分布。

【药用部位】全草、根茎。

【成分】鞣质、绿原酸、没食子酸、糖类。

【功能主治】苦，温。消肿利水，下乳，润肠。治乳汁不足，气虚浮肿。

柳叶菜

【**药材名**】柳叶菜

【**来源**】柳叶菜科（Onagraceae）植物柳叶菜 *Epilobium hirsutum* L.

【**形态特征**】多年生粗壮草本，地下根茎匍匐，茎上疏生鳞片状叶，先端生莲座状叶芽。茎高25～120cm，中上部多分枝，周围密被伸展长柔毛，混生较短而直的腺毛，尤花序上如此，稀密被白色绵毛。叶草质，对生，茎上部的互生，无柄，并多少抱茎；茎生叶披针状椭圆形至狭倒卵形或椭圆形，边缘每侧具细锯齿，两面被长柔毛。总状花序直立，苞片叶状，花直立，花蕾卵状长圆形，子房灰绿色至紫色，密被长柔毛与短腺毛，花管喉部有一圈长白毛；萼片长圆状线形，花瓣常玫瑰红色，或粉红、紫红色，宽倒心形，先端凹缺，花药乳黄色，长圆形；花柱直立，白色或粉红色，疏生长柔毛；柱头白色，4深裂，裂片长圆形，有稀疏的毛。蒴果被毛，种子倒卵状，顶端具很短的喙，深褐色，种缨黄褐色或灰白色。花期6～8月，果期7～9月。

【**分布与生境**】生于河谷、溪流河床沙地、沟边、湖边向阳湿处，昭苏县各山区均有分布。

【**药用部位**】花，根。

【**成分**】没食子酸、原儿茶酸、槲皮素等。

【**功能主治**】淡，平。花：清热消炎，调经止带，止痛。用于牙痛，急性结膜炎，咽喉炎，月经不调，白带过多。根：理气活血，止血。用于闭经，胃痛，食滞饱胀。

沼生柳叶菜

【药材名】沼生柳叶菜

【来源】柳叶菜科（Onagraceae）植物沼生柳叶菜 *Epilobium palustre* L.

【形态特征】多年生直立草本，自茎基生出纤细的匍匐枝，长5~50cm，稀疏的节上生成对的叶，顶生肉质鳞芽。不分枝或分枝，圆柱状，被曲柔毛。叶对生，花序上的互生，近线形至狭披针形，花单生于茎顶或腋生，淡紫红色；花萼4裂，裂片披针形，长约3mm，外被短柔毛；花瓣4，倒卵形，长约5mm，顶端2裂；雄蕊8，4长4短；子房下位，蒴果圆柱型，蒴果被曲柔毛；顶端具长喙褐色，表面具细小乳突；种缨灰白色或褐黄色。花期6~8月，果期8~9月。

【分布与生境】生于湖塘、沼泽、河谷、溪沟旁、亚高山草地湿润处，昭苏县各山区均有分布。

【药用部位】全草。

【成分】没食子酸、原儿茶酸、槲皮素等。

【功能主治】淡，平。清热，疏风，镇咳，止泻。用于风热咳嗽，声嘶，咽喉肿痛，支气管炎，高热泻下。

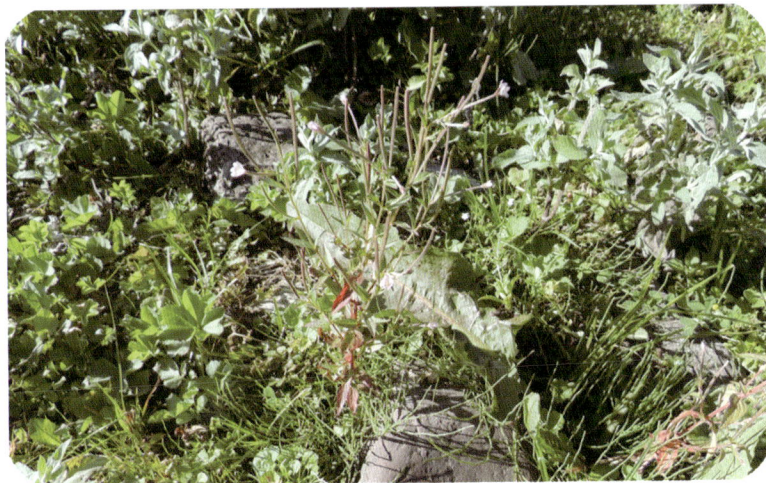

天山柳叶菜

【药材名】水接骨丹

【来源】柳叶菜科（Onagraceae）植物天山柳叶菜 *Epilobium cylindricum* D. Don.

【形态特征】多年生丛生草本，肉质根数条，茎高 30～50cm，不分枝，被曲柔毛。叶对生，狭卵形或披针形，先端锐尖，基部近圆形或宽楔形，边缘具细距齿，两面脉上与边缘有稀疏的曲柔毛；花序稍下垂，被曲柔毛。花直立；花蕾椭圆状长圆形被曲柔毛；子房密被曲柔毛；雄蕊长圆形，花柱直立，无毛；柱头棍棒状，顶端全缘。蒴果疏被曲柔毛；种子狭倒卵状，褐色，种缨灰白色。花期 8 月，果期 8～9 月。

【分布与生境】生于河谷、溪流河床沙地、沟边、湖边向阳湿处，昭苏县各山区均有分布。

【药用部位】全草。

【成分】酸类、苷类。

【功能主治】淡，平。清热解毒，利湿止泻，消食理气，活血接骨。主湿热泻痢，食积，脘腹胀痛，牙痛，月经不调，经闭，带下，跌打骨折，疮肿，烫火伤，疥疮。

46　杉叶藻科

杉叶藻

【药材名】杉叶藻

【来源】杉叶藻科（Hippuridaceae）植物杉叶藻 *Hippuris vulgaris* L.

【形态特征】多年生水生草本，全株光滑无毛。茎直立，常带紫红色，高可达50cm，上部不分枝，下部合轴分枝，生于泥中。叶片条形，轮生，两型，无柄，沉水中的根茎粗大，圆柱形，花细小，两性，稀单性，无梗，单生叶腋；萼全缘，常带紫色；无花盘；雄蕊生于子房上略偏一侧；花丝细，常短于花柱，被疏毛或无毛，花药红色，椭圆形，子房下位，椭圆形，花柱宿存，针状，雌蕊先熟，主要为风媒传粉。果为小坚果状，卵状椭圆形，4～9月开花，5～10月结果。

【分布与生境】多群生池沼、湖泊、溪流、江河两岸等浅水处，昭苏县境内均有分布。

【药用部位】全草。

【成分】酸类、苷类。

【功能主治】苦、甘、凉。清热凉血，生津养液。治肺结核咳嗽，两肋疼痛，痨热骨蒸，高热烦渴，肠胃发炎。

47　伞形科

天山柴胡

【药材名】柴胡

【来源】伞形科（Umbelliferae）植物天山柴胡 *Bupleurum tianschanicum* Freyn.

【形态特征】多年生草本，主根明显，较粗，支根须状，从根茎处分出数茎，直立，高 50～80cm，有明显的纵槽，基部留有残余的叶柄，有时带淡紫红色，中部以上有稀疏的短分枝。叶质厚，绿色泛白，有极窄的膜质边缘，基生叶线形或狭披针形，有 5～7 条突出的叶脉，顶端渐尖，基部收缩成长柄，茎生叶狭披针状至线形，下部略收缩，至基部稍扩大，半抱茎，顶端渐尖，有突尖头，5～9 脉；最上部及分枝上的叶较短，披针形，顶端长渐尖。伞辐 5～7，微呈弧形弯曲，略不等长；总苞片 2～3，不等大，披针形，小总苞片 7～9，披针形，绿色，草质，小伞形花序有花 15～30；花瓣顶端内卷成盔状，外面棕黄色，边缘黄色，小舌片黄色；花柱基棕黄色，较肥厚。果实成熟后密集成头状，小总苞片紧贴其上，果长椭圆形，深棕色，棱突出，浅色，棱槽中油管 1，合生面 2。花期 7～8 月，果期 8～9 月。

【分布与生境】生长于草坡或石砾堆中，昭苏县各山区均有分布。

【药用部位】根。

【成分】皂苷、醇类、挥发油等成分。

【功能主治】苦，微寒。解表发汗，疏肝解郁。用于伤寒，外感发热，两胁胀痛，肝气不舒，妇人月经不调。

天山邪蒿

【药材名】土当归

【来源】伞形科（Umbelliferae）植物天山邪蒿 *Seselopsis tianschanicum* Schischk

【形态特征】多年生草本，高40~80cm，全株无毛。根增粗成纺锤状，茎单一，中空，外面有细棱。基生叶早枯萎，茎下部叶有长柄，叶柄的基部扩展成披针形的鞘，叶卵形，3出全裂，裂片再羽状全裂，小裂片披针状线形，先端渐尖，有突出的中脉，全缘，上部的叶较小，单一羽状全裂，无柄，着生在披针形的鞘上。复伞形花序有6~18伞幅，伞幅不等长，有棱槽，向里的一面粗糙，无总苞片；小伞形花序约有20朵花，在梗上，有小总苞片10个，线形，边缘膜质，花萼无齿；花瓣白色，倒卵形，先端微凹，外缘的花瓣增大；花柱基短圆锥状，柱头头状。果实椭圆形，果棱翅状，侧棱较宽，油管在棱槽间单一，合生面上2条。花期6~7月，果期8月。

【分布与生境】生于草甸、林缘和灌丛中，昭苏县各山区均有分布。

【药用部位】根。

【成分】挥发油、蔗糖。

【功能主治】甘、辛，温。活血祛瘀，养血调经，止痛。治跌打损伤，贫血。

欧亚山芎

【药材名】新疆藁本

【来源】伞形科（Umbelliferae）植物欧亚山芎 *Conioselinum tataricum* Hoffm.

【形态特征】多年生草本，高达2米，短根茎排列成环节状，残留茎基，向下有多数绳索状根。茎多数，中空，有棱槽。叶片宽菱形，无毛，下面色淡，2回羽状全裂，裂片卵状披针形，锐尖，再羽状半裂或具齿，边缘粗糙；根生叶有长柄，茎生叶有短柄，上部叶比较小，着生在卵状披针形、膨大的鞘上。复伞形花序有15~20伞幅，近等长，总苞片1~3，小叶状，脱落；小伞形花序有15~20花，小总苞片多数，线形，长于花梗。萼齿不显著；花瓣白色，倒心脏形，顶端凹缺，有内折的小舌片，背面有疏毛。果实卵状长圆形，果棱翅状，侧棱较宽；油管在棱槽间1~3条，合生面上4条。花期6~8月，果期7~9月。

【分布与生境】生于山地草甸、山坡草丛和河谷灌丛中，昭苏县各山区均有分布。

【药用部位】根茎。

【成分】挥发油、生物碱、酚类等成分。

【功能主治】辛，温。祛风散寒，止痛。治风寒头痛，寒湿腹痛，偏头疼，风湿性关节疼，泄泻，疥癣等。

毒 参

【药材名】毒参

【来源】伞形科（Umbelliferae）植物毒参 *Conium maculatum* L.

【形态特征】二年生草本，高 80～180cm；根圆锥形肥厚；茎中空，分枝。叶片二回羽状分裂，末回裂片卵状披针形，长 1～3cm，边缘羽状深裂；基生叶和茎下部叶有长柄，叶片三角形，2 回羽状全裂，羽片长圆形或卵状针形，具小柄，每羽片再羽状深裂，末回裂片披针形，先端具淡色的尖；茎上叶渐小，无柄有窄鞘。复伞形花序顶生和腋生，直径 3～8cm，伞幅 10～20，不等长，长 2～5cm，总苞片 4～5，被针形或卵状披针形；小伞形花序有多数花，直径 5～15mm，小总苞片 3～6，卵状披针形，基部联合，侧生一边；花白色，花瓣长约 1mm。果实长 3～4mm，宽 1.5～2mm；果棱突起，沿棱缘波状。花期 5～6 月，果期 6～7 月。

【分布与生境】生长在林缘或农田边，昭苏县境内均有分布。

【药用部位】根、果实。

【成分】毒芹碱、毒芹侧碱、镰叶芹酮、佛手柑内酯、花椒毒素及多种香豆素类化合物。

【功能主治】毒参对呼吸中枢有直接抑制作用，它对呼吸系统的痉挛性疾病，如百日咳和气喘有治疗作用。

阿尔泰独活

【药材名】独活

【来源】伞形科（Umbelliferae）植物阿尔泰独活 *Heracleum dissectum* Ldb.

【形态特征】多年生高大草本。根类圆柱形，棕褐色，长至15cm，有特殊香气。茎高1~2m中空，常带紫色，光滑或稍有浅纵沟纹，上部有短糙毛。叶二回三出式羽状全裂，宽卵形；茎生叶叶柄长达30~50cm，基部膨大成长管状半抱茎的厚膜质叶鞘。背面无毛或稍被短柔毛；末回裂片膜质，卵圆形至长椭圆形，先端渐尖，基部楔形，边缘有不整齐的尖锯齿或重锯齿，齿端有内曲的短尖头，顶生的末回裂片多3深裂，基部常沿叶轴下延成翅状，侧生的具短柄或无柄，两面沿叶脉及边缘有短柔毛。复伞形花序顶生和侧生，花序梗密被短糙毛；总苞片1，长钻形，有缘毛，早落；伞辐10~25，密被短糙毛；伞形花序有花17~28；小总苞片阔披针形，先端有长尖，背面及边缘被短毛；花白色；花瓣倒卵形，先端内凹；花柱基扁圆盘状。果实椭圆形，侧翅与果体等宽或略狭，背棱线形，隆起，棱槽间有油管2~3，合生面有油管2~4。花期6~7月，果期8~9月。

【分布与生境】生于山坡阴湿的灌丛林下，昭苏县各山区均有分布。

【药用部位】根。

【成分】挥发油、醇类、醚类。

【功能主治】辛、苦，温。祛风胜湿，散寒止痛。治风寒湿痹，腰膝酸痛，手脚挛痛，慢性气管炎，头痛，齿痛。

野胡萝卜

【药材名】南鹤虱

【来源】 伞形科（Umbelliferae）植物野胡萝卜 *Daucus carota* L.

【形态特征】 二年生草本，高 15~120cm。茎单生，全体有白色粗硬毛。基生叶薄膜质，长圆形，二至三回羽状全裂，末回裂片线形或披针形，顶端尖锐，有小尖头，光滑或有糙硬毛；叶柄长 3~12cm；茎生叶近无柄，有叶鞘，末回裂片小或细长。复伞形花序，花序梗长 10~55cm，有糙硬毛；总苞有多数苞片，呈叶状，羽状分裂，少有不裂的，裂片线形，伞辐多数，结果时外缘的伞辐向内弯曲；小总苞片 5~7，线形，不分裂或 2~3 裂，边缘膜质，具纤毛；花通常白色，有时带淡红色；花柄不等长。果实圆卵形棱上有白色刺毛。花果期 6~8 月。

【分布与生境】 生长于山坡路旁、旷野或田间。昭苏县境内均有分布。

【药用部位】 果实。

【成分】 蛇床子素、莰烯、欧芹酚甲醚、香柑内酯、异茴芹素、异缬草酸、龙脑酯等。

【功能主治】 甘、微辛，凉。健脾化滞，凉肝止血，清热解毒，驱虫。治脾虚食少，腹泻和惊风，血淋，咽喉肿痛。

48 鹿蹄草科

短柱鹿蹄草

【药材名】 短柱鹿蹄草

【来源】 鹿蹄草科（Pyrolaceae）植物短柱鹿蹄草 *Pyrola minor* L.

【形态特征】 常绿草本状小半灌木；根茎横生，斜升，有分枝。叶茎生，纸质，宽椭圆形或近圆形或宽卵形，先端圆钝，基部圆形，边缘有浅圆齿，上面绿色，下面淡绿色；叶柄稍长于叶片或近等长。花葶有 1～2 枚线形鳞片状叶，先端急尖，基部稍抱花葶。总状花序，密生，花倾斜，稍下垂；花冠白色或带淡红色；花梗腋间有膜质苞片，狭披针形，先端渐尖，稍长于花梗；萼片宽三角形或宽卵状三角形，先端急尖或钝头。花药孔大，黄色；花柱极短，直立，不伸出花冠，顶端无环状突起，柱头极宽，5 圆裂。蒴果，宿存花柱直立。花期 8 月；果期 9 月。

【分布与生境】 生于海拔 2200 米左右山林树下或阴湿处，昭苏县山区均有分布。

【药用部位】 全草。

【成分】 含槲皮素、山奈酚、矢车菊素和对二香豆酸，叶含熊果酸和熊果苷。

【功能主治】 苦，温。止咳化痰，祛风除湿，强筋壮骨，涌吐毒物。治咳嗽，痹证，误食毒物。

圆叶鹿蹄草

【药材名】鹿衔草

【来源】为鹿蹄草科（Pyrolaceae）植物圆叶鹿蹄草 *Pyrola rotundifolia* L.

【形态特征】多年生常绿草本，高 10～30cm。根状茎细长横生，根须状。叶于基部簇生，叶片圆形至卵圆形，革质，先端钝圆，基部圆形或楔圆形，全缘或具细疏圆齿，边缘向后反卷；叶柄长于叶片可达 2 倍。花茎细圆柱形，具棱角，近上部有苞片 1～2 枚，苞片被针形；总状花序有 8～15 小花，具短梗，基部有 1 披针形小苞片；萼片卵状披针形，5 深裂，裂片舌形，顶端渐尖；花冠白色或稍带淡红色，有香气，花瓣 5 片，圆卵形，顶端钝；雄蕊的花药顶端钝，开裂成 2 小孔；花柱长，向下弯曲，然后向上，长几等于花瓣，顶端环状加粗，宽于 5 裂的柱头。蒴果平扁状球形，具 5 棱，成熟时开裂，花萼宿存。花期 5～6 月。果期 7～8 月。

【分布与生境】生于海拔 2200 米左右山林树下或阴湿处，昭苏县山区均有大量分布。

【药用部位】全草。

【成分】含熊果酚苷、鞣质、挥发油、鹿蹄草苷。

【功能主治】苦，平。补气益肾，祛风除湿，活血止血。治虚弱咳嗽，劳伤吐血，风湿及类风湿性关节炎，外伤出血。

49　报春花科

北方点地梅

【**药材名**】喉咙草

【**来源**】报春花科（Primulaceae）植物北方点地梅 *Androsace septentrionalis* L.

【**形态特征**】一年生草本。直根系，主根细长，支根较少。莲座状叶丛单生，直径 1 ~ 6cm；无柄或下延呈宽翅状柄；叶片倒披针形或长圆状披针形，先端钝或稍锐尖，通常中部以上叶缘具稀疏锯齿，上面及边缘被短毛及 2 ~ 4 分叉毛，下面近无毛。花葶 1 至多数，直立，黄绿色，下部略呈紫红色。花葶与花梗都被 2 ~ 4 分叉毛和短腺毛；伞形花序有多数花，苞片多数，条状披针形；花梗细不等长，果期被短腺毛；花萼钟形或陀螺状，明显具 5 棱，5 浅裂，裂片狭三角形，分裂达全长的 1/3，先端锐尖，颜色较筒部深；花冠白色，高脚碟状，直径与花萼几相等，5 裂，裂片倒卵状长圆形，先端近全缘；子房倒圆锥形，花柱长 0.3mm，柱头头状。蒴果倒卵状球形，先端 5 瓣裂。种子多数，多面体形，棕褐色，种皮粗糙，具蜂窝状凹眼。花期 5 ~ 6 月，果期 7 月。

【**分布与生境**】生于草原、山地阳坡和沟谷中，昭苏县山区均有分布。

【**药用部位**】全草。

【**成分**】三萜苷类化合物、槲皮素、山奈酚、咖啡酸等。

【**功能主治**】苦，辛。清热解毒，消肿止痛。治风火赤眼，咽喉红肿，疮疡肿痛。

寒地报春

【药材名】报春花

【来源】报春花科（Primulaceae）植物寒地报春 *Primula algida* Adam.

【形态特征】多年生草本植物，叶丛高可达7cm，叶片倒卵状矩圆形至倒披针形，边缘具锐尖小牙齿，上面绿色，下面通常被粉，叶柄通常甚短，花葶顶端被粉或无粉；伞形花序近头状，苞片线形至线状披针形，初花期花梗甚短，花萼钟状，花冠堇紫色，稀白色，冠檐筒部带黄色或白色，花冠裂片倒卵形，雄蕊着生于冠筒中下部，蒴果长圆体状，稍长于花萼。花期5~6月，果期7月。

【分布与生境】生于云杉、落叶松林下腐殖质较多的阴处，昭苏县山区均有分布。

【药用部位】花。

【成分】黄酮类、有机酸类、醌类等成分。

【功能主治】苦，寒。清热燥湿，利水消肿，止血。治小儿高热抽风，急性胃肠炎。

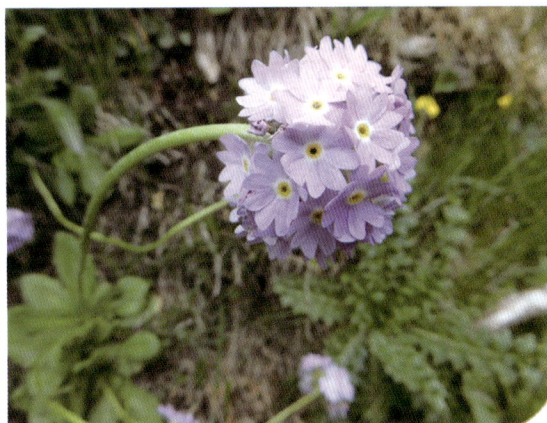

雪山报春

【药材名】报春花

【来源】报春花科（Primulaceae）植物雪山报春 *Primula nivalis* Pall.

【形态特征】多年生草本。根状茎短，具多数粗长的须根。叶丛基部由鳞片、叶柄包叠成假茎状，高 2~3cm。叶椭圆形至矩圆状卵形或矩圆状披针形，长 6~16cm，宽 1~4cm，先端钝或稍锐尖，基部渐狭窄，边缘具近于整齐的小钝牙齿，干时纸质，两面秃净，无粉状附属物，中肋宽扁，侧脉 6~9 对，纤细，在下面稍显著；叶柄具阔翅，通常稍短于叶片。花葶高 10~25cm，果期长可达 35cm；伞形花序 1 轮，通常具 8~20 花；苞片狭披针形，长 5~14mm；花梗长 7~15mm，果期长 16~35mm；花萼筒状，长 6~11mm，分裂约达中部，裂片披针形；花冠蓝紫色或紫色，冠筒长 8~15mm，喉部具环状附属物，冠檐直径 1.5~2.5cm，裂片矩圆形，全缘；长花柱花：雄蕊着生处低于花萼中部，花柱略高出花萼，距筒口约 3mm；短花柱花：雄蕊着生处略高出花萼，花柱长约 2mm。蒴果长圆形，与花萼等长至长于花萼 1 倍。花期 6 月。

【分布与生境】生长于高山草地和山谷阴处沼泽地，昭苏县山区均有分布。

【药用部位】花。

【成分】黄酮类、有机酸类、醌类等成分。

【功能主治】苦，寒。清热燥湿，利水消肿，止血。治小儿高热抽风，急性胃肠炎。

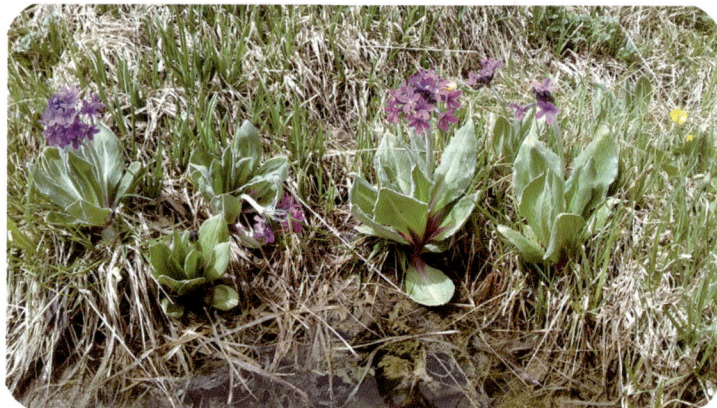

50　白花丹科

鸡娃草

【药材名】鸡娃草

【来源】白花丹科（Plumbaginaceae）植物鸡娃草 *Plumbagella micrantha*（Ldb.）Spach.

【形态特征】一年生草本，高20~40cm。茎直立或斜上，通常有6~9节，基节以上均可分枝，有条棱，紫红色或绿色，沿棱有稀疏小皮刺。单叶互生；茎下部的叶片披针形，长2~10cm，宽1~3cm，先端渐尖，基部箭形或耳形而抱茎，全缘或近全缘；中部叶最大，下部叶片上部最宽，匙形至倒卵状披针形，愈向茎的上部叶片愈渐变为中部最宽至基部最宽，狭披针形至卵状披针形，先端急尖至渐尖，基部由无耳至有耳抱茎而沿棱下延，叶缘具不整齐的小刺。穗状花序短或成头状；苞片卵形，膜质；萼筒状，有腺毛，长于花冠，花后膨大，有5棱，棱间非膜质，先端5齿裂，裂片两侧有具柄的腺毛，结果时萼筒的棱脊上生出鸡冠状突起；花冠狭钟状，5裂，粉红色或淡蓝紫色；雄蕊5，花丝基部扩大，花药淡红色，花丝白色；子房1室。蒴果环裂，暗红褐色，有5条淡色条纹。种子红褐色。花期7~8月，果期7~9月。

【分布与生境】生长在细砂基质的路边、耕地和山坡草地，昭苏县境内均有分布。

【药用部位】全草。

【成分】叶含白花丹素。

【功能主治】苦，寒。杀虫止痒，腐蚀疣痣。治体癣，头癣，手足癣，神经性皮炎，疣痣。

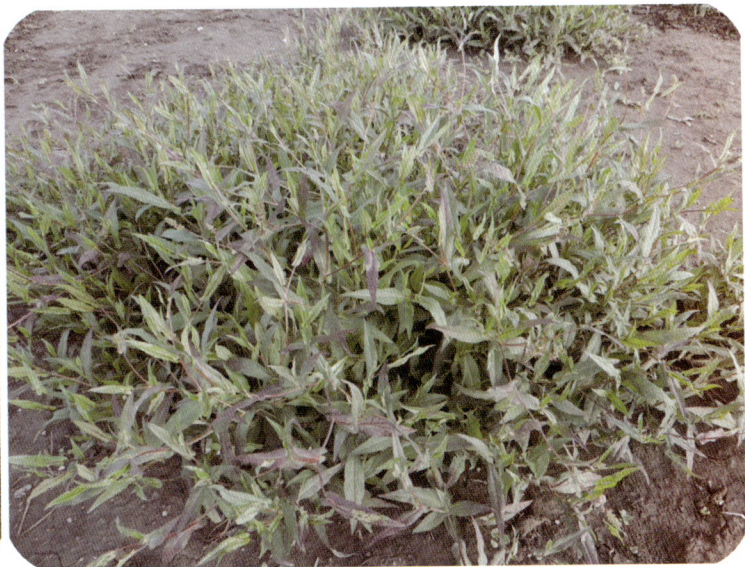

51 龙胆科

天山秦艽

【药材名】秦艽

【来源】龙胆科（Gentianaceae）植物天山秦艽 *Gentiana tianschanica* Rupr.

【形态特征】多年生草本，高 15～25cm，全株光滑无毛，基部被枯存的纤维状叶鞘包裹。须根数条，粘结成一个较细瘦、圆锥状的根。枝少数丛生，斜升，黄绿色或上部紫红色，近圆形。莲座丛叶线状椭圆形，两端渐尖，叶脉 3～5 条，叶柄宽，膜质；茎生叶与莲座丛叶同形，而较小，叶柄愈向茎上部叶愈小，柄愈短。聚伞花序顶生及腋生，排列成疏松的花序；花梗斜伸，紫红色，总花梗长 4cm，常无小花梗；花萼筒膜质，黄绿色，筒形，不裂或一侧浅裂，裂片 5 个，不整齐，绿色，线状椭圆形或线形，先端渐尖，边缘粗糙，中脉在背面明显或否，弯缺宽，截形；花冠浅蓝色，漏斗形，裂片卵状椭圆形或卵形，先端钝，全缘，褶整齐，狭三角形，先端二裂；雄蕊着生于冠筒中部，整齐，花丝线状钻形，花药狭矩圆形；子房宽线形，两端渐狭，柄粗，花柱线形，柱头 2 裂，裂片狭矩圆形。蒴果内藏，狭椭圆形，先端钝，基部渐狭；种子褐色，有光泽，矩圆形，表面具细网纹。花果期 7～9 月。

【分布与生境】生于山地草原、山坡草地，昭苏县各山区均有分布。

【药用部位】根。

【成分】生物碱、糖类、挥发油、龙胆苦苷。

【功能主治】辛、苦，平。祛风湿，退虚热，舒筋止痛的作用。治风湿性关节痛，结核病潮热，小儿疳热，黄疸，小便不利等症。

新疆秦艽

【药材名】 秦艽

【来源】 龙胆科（Gentianaceae）植物新疆秦艽 *Gentiana walujewii* Rgl. et Schmalh.

【形态特征】 多年生草本，高30~60cm，全株光滑无毛，基部被枯存的纤维状叶鞘包裹。须根多条，扭结或粘结成一个圆柱形的根。枝少数丛生，斜升，下部黄绿色，上部紫红色，近圆形。莲座丛叶狭椭圆形，先端钝或急尖，基部渐狭，边缘平滑或微粗糙，叶脉3~5条，细，在两面均明显，并在下面突起，叶柄宽，包被于枯存的纤维叶鞘中；茎生叶狭椭圆形或卵状椭圆形，先端钝，基部钝，边缘平滑或粗糙，叶脉1~3条，细，在两面均明显，并在下面突起，无叶柄至叶柄长达1.5cm。花多数，无花梗，簇生枝顶呈头状；花萼筒膜质，筒状，不开裂，裂片5个，线状披针形或三角状披针形，先端急尖，边缘平滑或微粗糙，中脉在背面明显；花冠黄白色，宽筒形或筒状钟形，裂片卵状三角形，先端钝，全缘，褶整齐，三角形，2深裂；雄蕊着生于冠筒中部，整齐，花丝线状钻形，花药狭矩圆形；子房椭圆状披针形，两端渐狭，花柱线形，连柱头长2~2.5mm，柱头2裂。蒴果内藏，椭圆形，两端渐狭，柄长8~9mm；种子褐色，有光泽，矩圆形，表面具细网纹。花果期6~9月。

【分布与生境】 生于河滩、水沟边、山坡草地、草甸、林下及林缘，昭苏县各山区均有分布。

【药用部位】 根。

【成分】 生物碱、糖类、挥发油、龙胆苦苷。

【功能主治】 辛、苦，平。祛风湿，退虚热，舒筋止痛的作用。治风湿性关节痛，结核病潮热，小儿疳热，黄疸，小便不利等症。

中亚秦艽

【药材名】秦艽

【来源】龙胆科（Gentianaceae）植物中亚秦艽 *Gentiana kaufmanniana* Rgl. et Schmalh.

【形态特征】多年生草本，高 6~15cm。根较粗壮，淡褐色。茎直立或竖立，上部成弓状弯曲，基部被老叶状的纤维叶鞘抱裹。茎多分枝或单生，基生叶莲座状，叶片长披针形或长圆状披针形，先端钝，基部收缩与柄连合，边缘光滑或粗糙，两面绿色，光滑，叶脉3条，明显突起，茎上叶 2~3 对，基部抱茎，先端钝，长圆形。花单生或 2 个着生在茎顶端；花萼钟状；萼齿 5 裂，裂片长圆状披针形，先端钝，萼齿之间微凹，边缘微粗糙，花冠深蓝色或紫蓝色，漏斗状，裂片 5，卵状，先端钝，微三角形，全缘；雄蕊 5 个，着生在花冠筒基部与裂片对生，花丝分离，有狭翅；子房有柄，花柱二裂。蒴果长圆形；种子有翅，褐色。花期 7~8 月，果期 9 月。

【分布与生境】生长在亚高山草甸带的石质坡地上，昭苏县各山区均有分布。

【药用部位】根。

【成分】生物碱、糖类、挥发油、龙胆苦苷。

【功能主治】辛、苦，平。祛风湿，退虚热，舒筋止痛。治风湿性关节痛，结核病潮热，小儿疳热，黄疸，小便不利等症。

秦艽

【药材名】秦艽

【来源】龙胆科（Gentianaceae）植物秦艽 *Gentiana macrophylla* Pall.

【形态特征】多年生草本，高 30～60cm。有粗大的直根系，有时数根扭曲在一起成绳状，淡黄色或暗褐色。茎由基部分枝，直立或斜生，基部被残叶纤维。上部光滑，根生叶丛生，有叶鞘抱茎。茎生叶较小，对生，有长节间，无柄，长圆状披针形，长 10～20cm，宽 2～3cm，基部渐狭，先端尖或稍钝，全缘，两面稍滑，叶脉 5 条明显突起，淡绿色。花密集成头状，着生在茎顶部或叶腋部；花萼膜质，管状，长为花冠的三分之一，萼齿通常不明显或很短，三角状；花冠筒状或针状，深蓝色或紫蓝色，裂片卵状或椭圆形，褶三角形；雄蕊 5 个，不伸出，着生在花冠筒基部，分离，花丝扁，联合；子房无柄，柱头二裂。蒴果短圆形；种子多数，长椭圆形，深黄色。花期 7～8 月，果期 9 月。

【分布与生境】生于河滩、水沟边、山坡草地、草甸、林下及林缘，昭苏县各山区均有分布。

【药用部位】根。

【成分】生物碱、糖类、挥发油、龙胆苦苷。

【功能主治】辛、苦，平。祛风湿，退虚热，舒筋止痛。治风湿性关节痛，结核病潮热，小儿疳热，黄疸，小便不利等症。

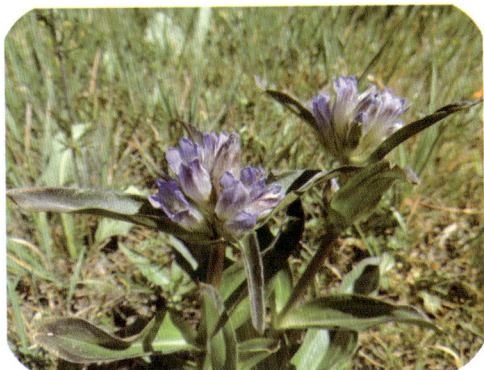

高山龙胆

【药材名】白花龙胆

【来源】龙胆科（Gentianaceae）植物高山龙胆 *Gentiana algida* Pall.

【形态特征】多年生草本，高8~20cm，基部被黑褐色枯老膜质叶鞘包围。根茎短缩，直立或斜伸，具多数略肉质的须根。枝2~4个丛生，其中有1~3个营养枝和1个花枝；花枝直立，黄绿色，近圆形，中空，光滑。叶大部分基生，常对折，线状椭圆形和线状披针形，先端钝，基部渐狭，叶脉1~3条，在两面均明显，并在下面稍突起，叶柄膜质；茎生叶1~3对，叶片狭椭圆形或椭圆状披针形，两端钝，叶脉1~3条，在两面均明显，并在下面稍突起，叶柄短，愈向茎上部叶愈小，柄愈短。花常1~3朵，稀至5朵，顶生；无花梗或具短花梗；花萼钟形或倒锥形，萼筒膜质，不开裂或一侧开裂，萼齿不整齐，线状披针形或狭矩圆形，先端钝，弯缺狭窄，截形；花冠黄白色，具多数深蓝色斑点，尤以冠檐部为多，筒状钟形或漏斗形，裂片三角形或卵状三角形，雄蕊着生于冠筒中下部，整齐，花丝线状钻形，花药狭矩圆形；子房线状披针形，两端渐狭，柄长10~15mm，花柱细，柱头2裂，裂片外反，线形。

【分布与生境】生于海拔2100米左右的高山冻原草地，昭苏县各山区均有分布。

【药用部位】带根全草。

【成分】龙胆碱、酮类。

【功能主治】苦，寒。泻火解毒，镇咳，利湿。治感冒发热，肺热咳嗽，咽痛，目赤，小便淋痛，阴囊湿疹。

扁蕾

【**药材名**】扁蕾

【**来源**】龙胆科（Gentianaceae）植物扁蕾 *Gentianopsis barbata*（Froel.）Ma.

【**形态特征**】一年生或二年生草本，高 8～40cm。茎单生，直立，近圆柱形，下部单一，上部有分枝，条棱明显，有时带紫色。基生叶多对，常早落，匙形或线状倒披针形，先端圆形，边缘具乳突，基部渐狭成柄，中脉在下面明显，叶柄长至 0.6cm；茎生叶无柄，狭披针形至线形，先端渐尖。花单生茎或分枝顶端；花梗直立，有明显的条棱；花萼筒状，稍扁，略短于花冠或与花冠筒等长，裂片 2 对，不等长，异型，具白色膜质边缘，外侧线状披针形，基部宽 2～3mm，先端尾状渐尖，内侧卵状披针形，基部宽 4～6mm，先端渐尖，萼筒长 10～18mm，口部宽 6～10mm；花冠筒状漏斗形，筒部黄白色，檐部蓝色或淡蓝色，裂片椭圆形，先端圆形，有小尖头，边缘有小齿，下部两侧有短的细条裂齿；腺体近球形，下垂；花丝线形，花药黄色，狭长圆形；子房具柄，狭椭圆形，花柱短。花果期 7～9 月。

【**分布与生境**】生于沟边、山坡草地、林下、灌丛中，昭苏县各山区均有分布。

【**药用部位**】全草。

【**成分**】酸类、苷类、黄酮。

【**功能主治**】苦、辛、寒。清热解毒，利胆，消肿。用于急性黄疸型肝炎，结膜炎，高血压，急性肾盂肾炎，疮疖肿毒。

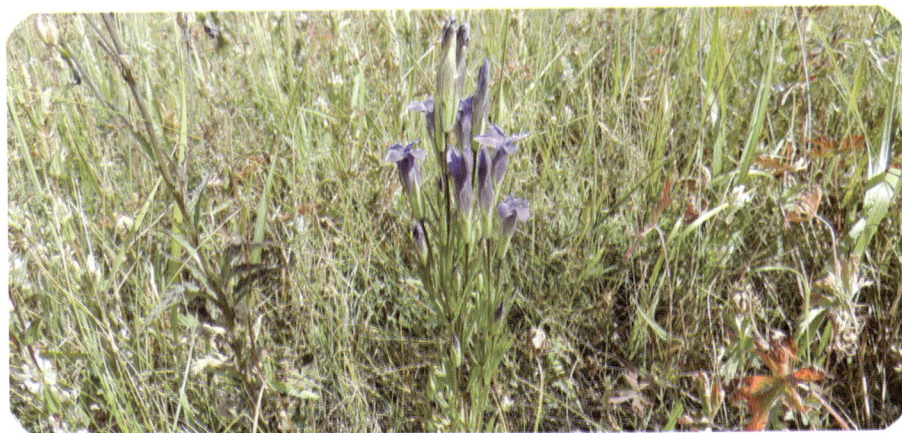

互叶獐牙菜

【药材名】 当药

【来源】 龙胆科（Gentianaceae）植物互叶獐牙菜 *Swertia obtusa* Ldb.

【形态特征】 多年生草本，高15~40cm。茎直立，黄绿色，中空，近圆形，具细条棱，不分枝，被黑褐色枯存叶柄。叶全部互生；基生叶和茎下部叶具长柄，叶片矩圆形，先端钝圆，基部渐狭成柄，并向叶柄下延成翅，叶柄细，扁平；茎中上部叶无柄，半抱茎，叶片狭椭圆形或椭圆状披针形。聚伞花序或狭窄的圆锥状复聚伞花序，具多花；花梗黄绿色，斜伸，不整齐，果时略长；花5数；花萼长为花冠的2/3，裂片线状披针形，先端渐尖，背面具细而明显的3脉；花冠蓝色，裂片狭椭圆形或椭圆形，先端钝，基部具2个腺窝，腺窝狭椭圆形，基部囊状，边缘具长2~3mm的柔毛状流苏；花丝线形，基部背面具少数流苏状毛，花药蓝色，狭矩圆形；子房无柄，卵状椭圆形；花柱短而明显，柱头小，3裂，裂片半圆形。蒴果无柄，卵状椭圆形，与宿存花冠等长；种子淡褐色或红褐色，宽矩圆形或近圆形，直径2~2.5mm，周缘具不整齐的翅。花果期6~9月。

【分布与生境】 生长于海拔2200~2500米的山坡草地、林下。昭苏县各山区均有分布。

【药用部位】 全草。

【成分】 当药素、黄色龙胆根素、葡萄糖苷等。

【功能主治】 苦，寒。清热，利胆，除湿。治肝炎，胆囊炎，尿道炎，肾炎，急慢性细菌性痢疾及消化不良等症。

膜边獐牙菜

【药材名】当药

【来源】龙胆科（Gentianaceae）植物膜边獐牙菜 *Swertia marginata* Schrenk.

【形态特征】多年生草本，高 15 ~ 35cm。茎直立，黄绿色，中空，近圆形，不分枝，被黑褐色枯老叶柄。基生叶 3 ~ 4 对，具长柄，叶片线状椭圆形或狭椭圆形，先端钝圆，基部渐狭成柄，叶脉 3 ~ 5 条，细而明显，叶柄扁平；茎中部光裸无叶，上部有 1 ~ 2 对极小的，呈苞叶状的叶，卵状椭圆形或线状椭圆形，先端钝，基部无柄，离生，半抱茎，叶脉 1 ~ 3 条，在下面明显。圆锥状复聚伞花序密集，常狭窄，有间断，多花，长 8 ~ 15cm；花梗黄绿色，斜伸或直立，不整齐；花 5 数，直径 1.3 ~ 1.5cm；花萼长为花冠的 2/3，裂片披针形，先端渐尖，具宽的明显的膜质边缘，背面有细的 3 脉；花冠黄色，背面中部蓝色，裂片矩圆形或狭矩圆形，先端钝圆，啮蚀状，基部有 2 个腺窝，腺窝基部囊状，边缘具长 3 ~ 4mm 的柔毛状流苏；花丝线形，基部背面具流苏状短毛，花药蓝色，矩圆形；子房无柄，狭卵形，花柱不明显，柱头小，2 裂，裂片半圆形或矩圆形。蒴果无柄，狭卵形，与宿存花冠等长；种子褐色，矩圆形，表面具纵皱。花果期 6 ~ 9 月。

【分布与生境】生于海拔 2500 ~ 3000 米的山坡草地，昭苏县各山区均有分布。

【药用部位】全草。

【成分】当药素、黄色龙胆根素、葡萄糖苷等。

【功能主治】苦，寒。清热，利胆，除湿。治肝炎，胆囊炎，尿道炎，肾炎，急慢性细菌性痢疾及消化不良等症。

岐伞獐牙菜

【药材名】獐牙菜

【来源】龙胆科（Gentianaceae）植物岐伞獐牙菜 *Swertia dichotoma* L.

【形态特征】一年生草本，高5~12cm。直根较粗，侧根少。茎细弱，四棱形，棱上有狭翅，从基部作二歧式分枝，枝细瘦，四棱形。叶质薄，下部叶具柄，叶片匙形，长7~15mm，宽5~9mm，先端圆形，基部钝，叶脉3~5条，细而明显，叶柄细，长8~20mm，离生；中上部叶无柄或有短柄，叶片卵状披针形，长6~22mm，宽3~12mm，先端急尖，基部近圆形或宽楔形，叶脉1~3条。聚伞花序顶生或腋生；花梗细弱，弯垂，四棱形，有狭翅，不等长，长7~30mm；花萼绿色，长为花冠一半，裂片宽卵形，长3~4mm，先端锐尖，边缘及背面脉上稍粗糙，背面具不明显的1~3脉；花冠白色，带紫红色，裂片卵形，长5~8mm，先端钝，中下部具2个腺窝，腺窝黄褐色，鳞片半圆形，背部中央具角状突起；花丝线形，长约2mm，基部背面两侧具流苏状长柔毛，有时可延伸至腺窝上，花药蓝色，卵形，长约0.5mm；子房具极短的柄，椭圆状卵形，花柱短，柱状，柱头小，2裂。蒴果椭圆状卵形；种子淡黄色，矩圆形，长1.3~1.8mm，表面光滑。花果期5~7月。

【分布与生境】生于潮湿的田野、草地、水边，昭苏县境内均有分布。

【药用部位】带花全草。

【成分】当药苦苷、当药素、黄色龙胆根素。

【功能主治】苦，寒。清热，健胃，利湿。治消化不良，胃脘痛胀，黄疸，目赤，牙痛，口疮。

椭圆叶花锚

【药材名】黑苁草

【来源】龙胆科（Gentianaceae）植物椭圆叶花锚 *Halenia elliptica* D. Don.

【形态特征】一年生草本，高 15~60cm。根具分枝，黄褐色。茎直立，无毛，四棱形，上部具分枝。基生叶椭圆形，有时略呈圆形，先端圆形或急尖呈钝头，基部渐狭呈宽楔形，全缘，具宽扁的柄，柄长 1~1.5cm，叶脉 3 条；茎生叶卵形、椭圆形、长椭圆形或卵状披针形，先端圆钝或急尖，基部圆形或宽楔形，全缘，叶脉 5 条，无柄或茎下部叶具极短而宽扁的柄，抱茎。聚伞花序腋生和顶生；花梗长短不相等；花 4 数；花萼裂片椭圆形或卵形，先端通常渐尖，常具小尖头，具 3 脉；花冠蓝色或紫色，花冠筒长约 2mm，裂片卵圆形或椭圆形，先端具小尖头，距长 5~6mm，向外水平开展；雄蕊内藏，花丝长 3~5mm，花药卵圆形，长约 1mm；子房卵形，长约 5mm，花柱极短，长约 1mm，柱头 2 裂。蒴果宽卵形，上部渐狭，淡褐色；种子褐色，椭圆形或近圆形。花果期 6~9 月。

【分布与生境】生于高山林缘、山坡草地、灌丛、山谷水沟边，昭苏县各山区均有分布。

【药用部位】全草。

【成分】酮类、酸类。

【功能主治】苦，寒。清热利湿，平肝利胆。用于黄疸，胆囊炎，胃痛，头晕头痛，牙痛。

52　旋花科

田旋花

【药材名】田旋花

【来源】旋花科（Convolvulaceae）植物田旋花 *Convolvulus arvensis* L.

【形态特征】多年生缠绕草本，根状茎横走。茎平卧或缠绕，有棱。叶柄长 1~2cm；叶片戟形或箭形全缘或 3 裂，先端近圆或微尖，中裂片卵状椭圆形、狭三角形、披针状椭圆形，侧裂片开展或呈耳形。花 1~3 朵腋生；花梗细弱；苞片线形，与萼远离；萼片倒卵状圆形，无毛或被疏毛；缘膜质；花冠漏斗形，粉红色、白色，长约 2cm，外面有柔毛，褶上无毛，有不明显的 5 浅裂；雄蕊的花丝基部肿大，有小鳞毛；子房 2 室，有毛，柱头 2，狭长。蒴果球形或圆锥状，无毛；种子椭圆形，无毛。花期 5~8 月，果期 7~9 月。

【分布与生境】生于耕地及荒坡草地、村边路旁，昭苏县境内均有分布。

【药用部位】全草。

【成分】含黄酮苷、咖啡酸、红古豆碱。

【功能主治】辛，温，有毒。祛风止痒，止痛。治风湿痹痛、牙痛、神经性皮炎。

菟丝子

【药材名】菟丝子

【来源】旋花科（Convolvulaceae）植物菟丝子 *Cuscuta chinensis* Lam.

【形态特征】一年生寄生草本。茎缠绕，黄色，纤细，直径约1mm，无叶。花序侧生，少花或多花簇生成小伞形或小团伞花序，近于无总花序梗；苞片及小苞片小，鳞片状；花梗稍粗壮，长仅1mm；花萼杯状，中部以下连合，裂片三角状，长约1.5mm，顶端钝；花冠白色，壶形，长约3mm，裂片三角状卵形，顶端锐尖或钝，向外反折，宿存；雄蕊着生于花冠裂片弯缺微下处；鳞片长圆形，边缘长流苏状；子房近球形，花柱2，等长或不等长，柱头球形。蒴果球形，直径约3mm，几乎全为宿存的花冠所包围，成熟时有整齐的周裂。种子2~49，淡褐色，卵形，长约1mm，表面粗糙。

【分布与生境】生于田边、山坡阳处、路边灌丛，昭苏县境内均有分布。

【药用部位】全草、种子。

【成分】树脂样糖苷、胆甾醇、芸苔甾醇、谷甾醇、豆甾醇及三萜酸类。

【功能主治】辛、甘、平。滋补肝肾，固精缩尿，安胎，明目，止泻。用于阳痿遗精，遗尿尿频，腰膝酸软，目昏耳鸣，胎动不安，脾肾虚泻，外治白癜风。

53　花葱科

花　葱

【药材名】花葱

【来源】花葱科（Polemoniaceae）植物花葱 *Polemonium coeruleum* L.

【形态特征】多年生草本，根匍匐，圆柱状，多纤维状须根。茎直立，高 0.5～1 米，无毛或被疏柔毛。羽状复叶互生，小叶互生，11～21 片，长卵形至披针形，顶端锐尖或渐尖，基部近圆形，全缘，两面有疏柔毛或近无毛，无小叶柄；叶柄长 1.5～8cm，生下部者长，上部具短叶柄或无柄，与叶轴同被疏柔毛或近无毛。聚伞圆锥花序顶生或上部叶腋生，疏生多花；花梗连同总梗密生短的或疏长腺毛；花萼钟状，被短的或疏长腺毛，裂片长卵形、长圆形或卵状披针形，顶端锐尖或钝头，稀钝圆，与萼筒近相等长；花冠紫蓝色，钟状，裂片倒卵形，顶端圆或偶有渐狭或略尖，边缘有疏或密的缘毛或无缘毛；雄蕊着生于花冠筒基部之上，通常与花冠近等长，花药卵圆形，花丝基部簇生黄白色柔毛；子房球形，柱头稍伸出花冠之外。蒴果卵形。种子褐色，纺锤形，种皮具有膨胀性的黏液细胞，干后膜质似种子有翅。

【分布与生境】生于山坡草丛、山谷疏林下、路边灌丛及溪流湿地，昭苏县各山区均有分布。

【药用部位】根、根茎。

【成分】皂苷、刺槐素、花葱熊果皂苷元。

【功能主治】苦，平。祛痰，止血，镇静，治急慢性支气管炎，胃溃疡出血，咳血，衄血，子宫出血，癫痫，失眠，月经过多。

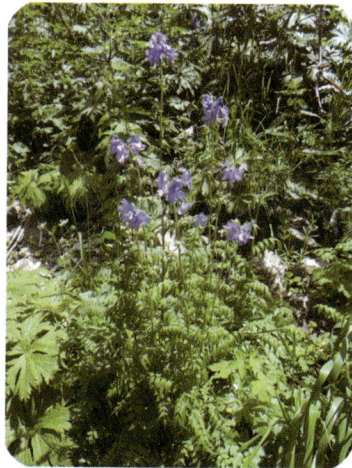

54　紫草科

小花紫草

【药材名】珍珠透骨草

【来源】紫草科（Boraginaceae）植物小花紫草 *Lithospermum officinale* L.

【形态特征】多年生草本，高 20～80cm，根粗壮，绳状扭曲，外面紫红色，折断面粉红色，直生或横生。茎直立，单生或从基部分出几个枝条，上部分枝较多，全株密被白色刚毛。叶互生，披针形，先端渐尖，基部微收缩圆形，边全缘，微向后反卷，正面暗绿色，叶脉中部一个，侧脉两对有时为一对，明显突出，正面微凹，两面均密被白色的刚毛。白果紫草花序总状，着生于分枝的顶端；苞叶披针形，通常比花长，密被白色刚毛，小花着生在苞叶间，花萼 5 裂，裂片线形，长约 4mm，密被白色刚毛，先端钝，果期裂片延长宿存；花冠白色，微伸出萼外，外面被白色，花冠上部 5 裂，裂片长形，喉部有 5 片短小的被短绒毛的鳞片状物；雄蕊 5 个，花丝短，着生于花筒内的中部，不伸出于外，花药长圆形。花柱较长，不伸于外，先端不分裂。小坚果球状卵圆形，灰白色，光滑有光泽。花期 6～7 月，果期 8～10 月。

【分布与生境】生长在山地草原带及石质坡地上，昭苏县境内均有分布。

【药用部位】全草。

【成分】黄酮、蔗糖、苷类、醇类、酸类。

【功能主治】甘、辛，温。活血化瘀，祛风止痛，消炎。治风湿性关节炎，跌打骨伤，麻疹，猩红热等诸症。

天山软紫草

【药材名】紫草

【来源】紫草科（Boraginaceae）植物天山软紫草 *Arnebia tschimganica*（Fedisch.）G. L. Chu.

【形态特征】多年生草本。根无紫色物质。茎数条，高 15～30cm，不分枝，有短柔毛。基生叶有叶柄，叶片倒披针形，长 8～15cm，宽 2～4cm，两面均有毛，全缘，先端短渐尖，基部渐狭；叶柄长 4～10cm；茎生叶无柄，椭圆形至长圆状披针形，基部抱茎。镰状聚伞花序不分枝；苞片披针形；花萼裂片线状披针形至钻形，长 6～8mm；花冠黄色，漏斗状，长 1.5～2cm，檐部直径约 8mm；雄蕊着生花冠筒中部（长柱花）或喉部，花药长约 1.5mm，先端钝；花柱长达花冠筒上部（长柱花）或仅达中部（短柱花），先端浅 2 裂，各具 1 个 2 裂的柱头。未看到成熟小坚果。花期 5～6 月。

【分布与生境】生长于海拔 1000～2000 米山坡草地或河滩灌丛下，昭苏县阿克达拉乡山区有分布。

【药用部位】根。

【成分】紫草素。

【功能主治】甘、咸，寒。凉血，活血，清热，解毒。治温热斑疹，湿热黄疸，紫癜，吐、衄、尿血，淋浊，热结便秘，烧伤，湿疹，丹毒，痈疡。

新疆紫草

【药材名】软紫草

【来源】为紫草科（Boraginaceae）植物新疆紫草 *Arnebia euchroma*（Royle.）Johnst.

【形态特征】多年生草本，通常高 15~30cm，全株被长糙毛。根粗壮，圆锥形，直径 1~2cm，往往数条成绳状扭曲，暗紫红色，栓皮多层。茎不分枝或少数从基部分枝。基生叶丛生，披针状线形或线形，长 5~15cm，宽 0.2~1cm，通常直展或斜展，全缘，黄绿褐色；茎生叶互生，无柄，逐渐变小。花多数，密生成近球形的花序，生于茎顶；苞片线状披针形，短或长于花；花无梗，花萼短筒状，长 10~13mm，5 深裂，裂片线形；花冠紫色，长筒形漏斗状，冠筒与花萼近等长，先端 5 浅裂，裂片椭圆形，喉部无附属物；雄蕊 5 个，着生于花冠筒中部；子房 4 裂，花柱细长，柱头球状。小坚果卵形，淡褐色，有疣状突起。花期 5~6 月，果期 7~8 月。

【分布与生境】生长于山地砾石质阳坡、洪积扇、草地及草甸，昭苏县各山区均有分布。

【药用部位】根。

【成分】含紫草素及多种衍生物，花含黄酮苷。

【功能主治】甘，寒。凉血活血，清热解毒。治温热斑疹，湿热黄疸，紫癜，吐、衄、尿血，淋浊，热结便秘，烧伤，湿疹，丹毒，痈疡。

昭苏滇紫草

【**药材名**】紫草

【**来源**】紫草科（Boraginaceae）植物昭苏滇紫草 *Onosma echioides* L.

【**形态特征**】多年生草本，高 20～40cm，植株绿黄色，密生开展的黄色长硬毛及短伏毛，硬毛基部具基盘。茎单一或数条丛生，直立或斜升。基生叶倒披针形，先端钝，基部渐狭成叶柄；茎生叶线形或披针形，无柄。花序生茎顶及枝顶，花多数，密集，果期延长呈总状；苞片披针形，果期增大，长达 4cm；花梗短，果期增长，被开展的黄色硬毛及短伏毛；花萼长 1～1.5cm，果期增大，达 3cm，密生向上的长硬毛，裂片线状披针形，裂至近基部；花冠黄色，筒状钟形，基部向上逐渐扩张，喉部直径 5～7mm，内外面均无毛，裂片宽三角形，下弯；花药基部结合，内藏，不育先端长 1～1.5mm，花丝长 3～5mm，着生花冠筒基部以上 12.5～13.5mm 处；花柱伸出花冠外；腺体环形，无毛。小坚果黄褐色。

【**分布与生境**】生于山地草原及砾石质山坡，昭苏县各山区均有分布。

【**药用部位**】根。

【**功能主治**】甘、咸，寒。清热凉血，解毒透疹。治疗烧烫伤、冻伤、下肢溃疡、痈肿及湿疹。

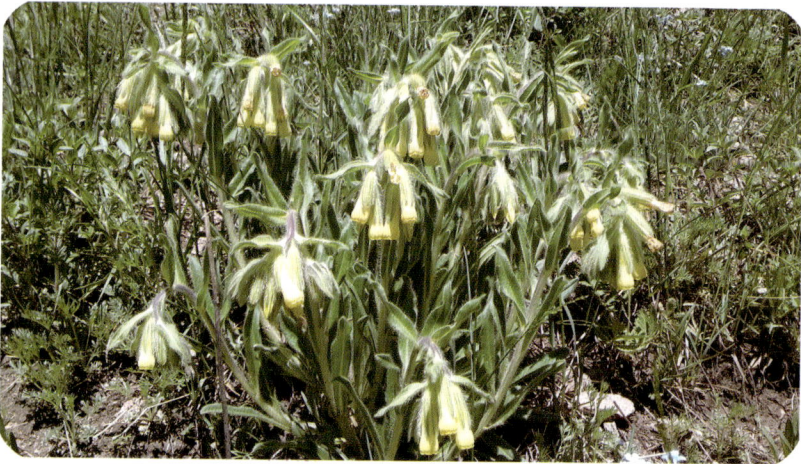

蓝 蓟

【药材名】牛舌草

【来源】紫草科（Boraginaceae）植物蓝蓟 *Echium vulgare* L.

【形态特征】二年生草本，茎高达120cm，有开展的长刚毛和密短伏毛，不分枝或多分枝。基生叶和下部叶条状倒披针形，基部渐狭成柄，两面有长糙毛；茎上叶无柄，披针形。花序狭长，有密集的花；苞片狭披针形，花萼有长硬毛，5裂至基部，裂片条状披针形；花冠紫蓝色或粉红色，斜漏斗状，外面有短柔毛，5不等浅裂，上方的裂片最大，其他的较小；雄蕊5，生花冠筒下部，伸出花冠之外；子房4裂，花柱伸出，有短柔毛，顶端2裂。小坚果4，生平的花托上，卵形，有疣状突起。花期6~9月，果期8~9月。

【分布与生境】生长在平原草地、草原带、低山谷草地、路边，昭苏县特克斯河北岸草地上有分布。

【药用部位】全草。

【成分】皂苷、黄酮类、氨基酸、挥发油、黏液质、糖类和生物碱。

【功能主治】苦，寒。生湿生热，调节异常黑胆质，生湿补脑，祛寒补心，爽心悦志，润燥消炎，止咳平喘。治干寒性或黑肥质性疾病，如平性脑虚，寒性心虚、心悸，抑郁症，干性脑膜炎、肺炎及结核疾病，寒性咳嗽、感冒、气喘等。

鹤　虱

【药材名】鹤虱

【来源】紫草科（Boraginaceae）植物鹤虱 *Lappula myosotis* V. Wolf.

【形态特征】一年生或越年生草本。茎直立，高 20～50cm，多分枝，有粗糙毛。叶互生，无柄或基部的叶有短柄；叶片倒披针状条形或条形，有紧贴的细糙毛。先短钝，基部渐狭，全缘或略显波状。花序顶生，苞片披针状条形；花生于苞腋的外侧，有短梗；花萼5深裂，宿存；花冠淡蓝色，较萼稍长，裂片5，喉部附属物5，雄蕊5，内藏；子房4裂，头扁球状。小坚果4，卵形，褐色，有小疣状突起，边沿有2～3行不等长的锚状刺。花期6～7月，果期8～9月。

【分布与生境】生长在山地草原带及石质坡地上，昭苏县境内均有分布。

【药用部位】全草。

【成分】黄酮类、糖、季胺生物碱、氨基酸、胡萝卜苦苷、甾醇等。

【功能主治】苦、辛，平。杀虫，清热解毒，健脾和胃。治虫积腹痛，阴道滴虫。

糙　草

【药材名】糙草

【来源】紫草科（Boraginaceae）植物糙草 *Asperugo procumbens* L.

【形态特征】一年生蔓性草本。茎淡褐色，长达80cm，中空，具4～6纵棱，沿棱具弯曲的短刚毛，自下部分枝。茎下部叶具柄，矩圆形，长4～7cm，宽0.5～1.5cm，先端微尖或钝，基部渐狭下延，两面被硬毛，茎中部以上叶较小，狭矩圆形，长0.7～2.5cm，宽3～7mm，先端尖，深5裂，基部楔形，两面被短刚毛，近对生；无柄。花小，单生叶腋，具短梗；花萼长约1.5mm，深5裂，裂片条状披针形，略等大，果期2裂片增大，长达1cm，掌状分裂，具不规则大芽齿状裂片，裂片长2～4mm，具明显脉纹，被伏细刚毛；花冠紫色，裂片5，钝圆，长约0.8mm，筒长约1mm，喉部具5半圆形的凸起体。小坚果4，具小瘤状突起，长卵形，长3.5mm，宽2mm，生于圆锥状雌蕊基上，着生面于果之中上部。花期5月，果期8月。

【分布与生境】生于山地林缘、草甸、沟谷以及田边路旁。昭苏县各山区均有分布。

【药用部位】全草。

【成分】亚麻酸。

【功能主治】辛，寒。清热解表。治感冒发热，咳嗽胸痛。

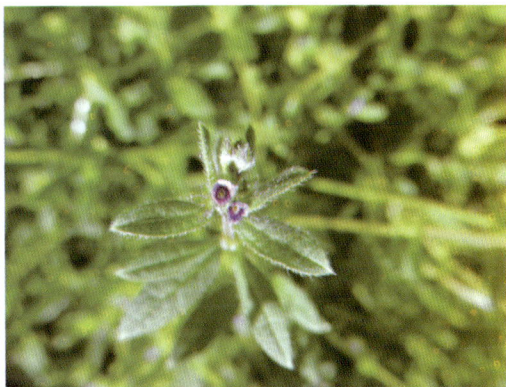

药用琉璃草

【**药材名**】药用倒提壶

【**来源**】紫草科（Boraginaceae）植物药用琉璃草 *Cynoglossum officinale* L.

【**形态特征**】多年生草本，高 25～100cm，具红褐色粗壮直根。茎直立，中空，具肋棱，由上部分枝，分枝开展，被向下贴伏的柔毛。基生叶和茎下部叶长圆状披针形或披针形，长 7～15cm，宽 2～4cm，先端钝或渐尖，基部渐狭成柄，灰绿色，上下面均密生贴伏的短柔毛；茎中部及上部叶无柄，狭披针形，被灰色短柔毛。花序顶生及腋生，长约10cm，花稀疏，集为疏松的圆锥状花序；苞片狭披针形或线形；花梗细弱，长 3～10mm，花后伸长，果期长 2～4cm，下弯，密被贴伏柔毛；花萼长 2～3mm，外面密生短柔毛，裂片卵形或卵状披针形，果期不增大，向下反折；花冠蓝紫色，长约 3mm，檐部直径 3～5mm，深裂至下 1/3，裂片卵圆形，先端微凹，喉部有 5 个梯形附属物，附属物长约0.5mm；花药卵球形，长约 0.6mm，着生花冠筒中部以上；花柱肥厚，扁平。

【**分布与生境**】生于田边、山坡阳处、路边灌丛，昭苏县境内均有分布。

【**药用部位**】根。

【**成分**】生物碱、苷类、鞣质和少量的苦叶质。

【**功能主治**】苦，寒。清热利湿，散瘀止血，止咳。主治疟疾，肝炎，痢疾，尿痛，白带，肺结核，外用治创伤出血。

55　唇形科

深裂叶黄芩

【药材名】黄芩

【来源】唇形科（Labiatae）植物深裂叶黄芩 *Scutellaria przewalskii* Juz.

【形态特征】多年生半灌木；根茎木质，斜行，茎多数，高 6~22cm，上升或近于平卧，曲折，钝四棱形，疏被短而细的绒毛，紫色。叶片轮廓卵圆形或椭圆形，先端钝，基部近截形，边缘羽状深裂，每侧具 4~7 个指状的深裂片，上面淡绿色或灰绿色，疏被细绒毛，下面灰白色，密被细绒毛，侧脉与中脉在上面明显凹陷，在下面不明显或微突出；叶柄长，背腹扁平，具狭翅，被绒毛。花序总状，苞片近膜质，宽卵圆形，花梗扁平，被长柔毛。花萼被长柔毛，杂有具柄腺毛。花冠黄色，或在上唇及下唇侧裂片处带紫，外被疏柔毛及具柄短腺毛；冠筒基部微囊大；冠檐 2 唇形，上唇盔状，下唇中裂片宽卵圆形，2 侧裂片短小，卵圆形。雄蕊 4，前对较长，后对较短，花丝丝状，扁平，近无毛。花柱扁平，细长，微裂。子房 4 裂，裂片等大。小坚果三棱状卵圆形，密被灰白色绒毛。花期 6~9 月。

【分布与生境】多生于山地草原、草甸、灌木丛下，昭苏县境内均有分布。

【药用部位】根。

【成分】黄酮类化合物。

【功能主治】苦，寒，清热燥湿，泻火解毒，止血安胎。治温热病、上呼吸道感染、肺热咳嗽、湿热黄疸、肺炎、痢疾、咳血、目赤、胎动不安、高血压、痈肿疔疮。

欧夏至草

【药材名】欧夏至草

【来源】唇形科（Labiatae）植物欧夏至草 *Marrubium vulagare* L.

【形态特征】多年生草本；根茎直伸，其上疏生纤细须根。茎直立，分枝或不分枝，高
30～80cm，钝四棱形，密被贴生的绵状柔毛。叶卵形、阔卵形至圆形，向枝条上端者变小，
先端钝或近圆形，基部宽楔形至圆形，边缘有粗齿状锯齿，上面亮绿色，具皱，疏生长柔
毛，下面灰绿色，密被粗糙平伏长柔毛，侧脉 2～3 对，与中脉在上面凹陷，下面隆起；叶
柄长 0.7～1.5cm。轮伞花序腋生，多花，在枝条上部者紧密，在枝条下部者较疏松，圆球
状；苞片钻形，与萼筒等长或稍长，向外方反曲，密被长柔毛。花萼管状，外面沿肋有糙
硬毛，余部有腺点，内面在萼檐处密生长柔毛，脉 10，凸出，齿通常 10，其中 5 主齿较长，
5 副齿较短且数目不定，钻形，在先端处呈钩吻状弯曲。花冠白色，冠筒外面密被短柔毛，
内面在中部有一毛环，冠檐二唇形，上唇与下唇等长或稍短于下唇，直伸或开张，先端 2
裂，下唇开张，3 裂，中裂片最宽大，肾形，先端波状而 2 浅裂。雄蕊 4，着生于冠筒中
部，前对较长，花丝极短，花药卵圆形，二室。花柱丝状，先端不等 2 浅裂。小坚果卵圆
状三棱形，有小疣点。花果期 6～8 月。

【分布与生境】生于路旁、沟边，昭苏县境内均有分布。

【药用部位】全草、花。

【成分】挥发油、苦味素。

【功能主治】镇静安神，解毒排毒。

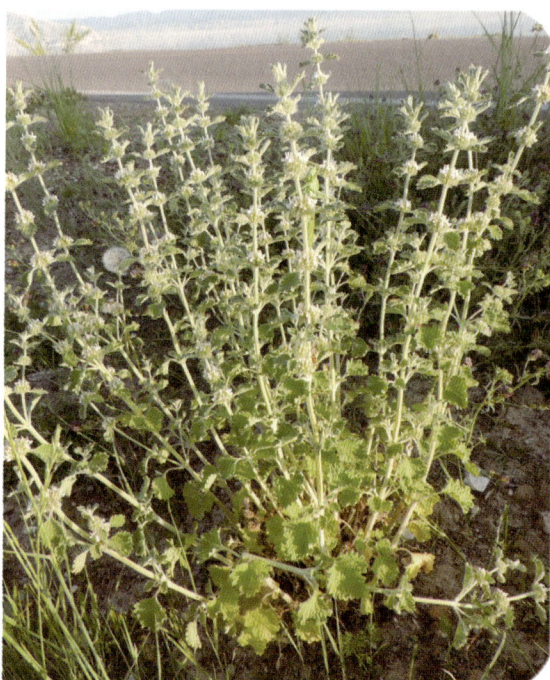

尖齿荆芥

【药材名】荆芥

【来源】唇形科（Labiatae）植物尖齿荆芥 *Nepeta ucranica* L.

【形态特征】多年生草本，根木质，根茎粗，多头分叉。茎高 17～50cm，直立或微上升，近无毛或被上曲的短单毛，金字塔状分枝。茎叶卵形至披针形，上部的至狭披针形先端锐尖或钝，基部浅心形或宽楔形，边缘具牙齿状锯齿，草质，上面绿而带灰蓝，下面略淡；下部叶柄与叶片近等长，向上渐变短，上部的具短柄。塔形聚伞花序紧密多花，顶生于茎或侧枝顶端，小聚伞花序 3 花，苞叶与茎叶相似，披针形，全缘，无柄；苞片线形，与萼近等长，紫色；花萼管状钟形，下部密被白色绵毛而呈白色，上部混生有腺毛，萼 5，三角状钻形，具长刺尖。花冠蓝色，外被短柔毛，冠檐二唇形，上唇几深裂至基部，下唇中裂片肾形，侧裂片略短于上唇，半圆形。雄花中的后对雄蕊比上唇短，花柱仅及雄蕊的基部，稀略长，几与前对雄蕊等长；雌花的花柱与花冠上唇等长。小坚果椭圆柱形，黑褐色。花期 5～6 月，果期 6～7 月。

【分布与生境】生长于平原及山地草原，空旷砾石坡上，昭苏县阿克达拉乡浅山带有分布。

【药用部位】全草。

【成分】单萜类、挥发油、有机酸、微量元素等成分。

【功能主治】辛，温。祛风，解表，透疹，止血。治感冒发热，头痛咳嗽，咽喉肿痛，麻疹，痈肿疮疥，衄血，崩漏，产后血晕。

直齿荆芥

【药材名】 荆芥

【来源】 唇形科（Labiatae）植物直齿荆芥 *Nepeta pannonica* L.

【形态特征】 多年生植物，根粗大木质，圆锥状。茎多数，直立，四棱形具槽，白绿色，上部微紫色，下部通常不分枝或具纤弱不育的枝条，上部帚状分枝。茎生叶长圆状卵形或长圆状椭圆形至披针形，先端钝、锐尖或渐尖，基部截形或浅心形，边缘具圆齿或锯齿，草质，上面浅绿色，被疏微短柔毛，网脉下陷，下面色淡，被短柔毛，满布小的凹陷腺点，脉纹隆起；下部的叶柄长，向上的渐短至无柄。聚伞花序多数，腋生于主茎及侧枝上，组成顶生圆锥花序，多花，下部的具11花，二歧分枝，上部的具2~5花，分枝不明显；苞片、小苞片线形；花梗短。花萼管状，绿色，带紫色，萼齿5，锥形，花冠淡紫色，被短柔毛，冠檐二唇形，上唇直立，先端深裂成2个卵形裂片，下唇平伸，3裂，中裂片大，阔卵圆状心形，先端具凹陷，边缘微波状，侧裂片半圆形；花柱超出花冠上唇2倍。小坚果长圆形，褐色。花果期6~9月。

【分布与生境】 生于林带下草地、谷底水边或山间盆地，昭苏县境内均有分布。

【药用部位】 全草。

【成分】 单萜类、挥发油、有机酸、微量元素等成分。

【功能主治】 辛，温。祛风，解表，透疹，止血。治感冒发热，头痛咳嗽，咽喉肿痛，麻疹，痈肿疮疥，衄血，崩漏，产后血晕。

欧活血丹

【药材名】欧活血丹

【来源】唇形科（Labiatae）植物欧活血丹 *Glechoma hederacea* L.

【形态特征】多年生蔓生草本，具匍匐茎，上升，逐节生根。茎高 10～17cm，四棱形，基部通常为淡紫红色。叶草质，茎基部的较小，叶片近圆形，叶柄长 3.5～4cm，被极细而疏生的倒钩状毛；茎上部叶较大，叶片肾形或肾状圆形，先端圆形，基部心形，叶柄长 0.8～1.8cm，两侧被倒向钩状毛。聚伞花序 2～4 花，组成轮伞状；苞片、小苞片微小，钻形，花萼管状，外面被硬毛及短柔毛；花冠紫色，外面被短柔毛或硬毛，内面在下唇中裂片下被硬毛，冠筒挺直，向上渐宽大而呈漏斗状，冠檐二唇形，上唇直立，先端 2 裂，裂片长圆形，下唇斜展，3 裂，中裂片最大，扇形，先端微凹，两侧裂片卵形。雄蕊 4，内藏，后对着生于上唇下面近喉部，前对着生于下唇两侧裂片下的花冠筒中部，花丝短，花药 2 室。子房 4 裂，无毛；花盘杯状，裂片不明显，花柱细长，无毛。花期 5～6 月。

【分布与生境】生于山谷草地上，昭苏县境内均有分布。

【药用部位】全草。

【成分】挥发油、皂苷、树脂、熊果酸、醇类、酸类、氨基酸、维生素 C。

【功能主治】苦，辛，微寒。清热通淋，利胆排石，活血调经。治热淋，血淋，沙淋，石淋，胆结石，肝炎，月经不调。

羽叶青兰

【药材名】 青兰

【来源】 唇形科（Labiatae）植物羽叶青兰 *Dracocephalum bipinnatum* Rupr.

【形态特征】 多年生草本。根茎顶端多分枝。茎高 20~60cm；无主茎，多分枝，常在基部或中部分枝，四棱形，被稀疏的短柔毛，上部较密集或无毛，在叶腋生有不育短枝。叶的总轮廓为卵形或长卵形，边缘羽状浅裂或深裂至中脉，裂片 1~4 个，披针形或阔线形，顶端具小尖刺齿，通常无毛，顶端钝，基部楔形，边缘向下反卷。轮伞花序生于茎顶部，有时稀间断，具花 2~4 朵；花具短柄；苞片倒卵状椭圆形或披针形，基部模形，被短柔毛及睫毛，边缘具 2~3 对齿，齿端皆延伸成细芒；萼部分为紫红色，被短柔毛，长 12~15mm，为明显的唇形，上唇 3 至 14 裂，萼齿近似三角状，中萼齿稍宽或 3 个萼齿几相同，齿端皆具短尖头，下唇 2 裂近基部，萼齿披针状，顶端具短尖芒，萼齿之间形成小瘤状结；花冠蓝紫色，长 3~4cm，外面被短柔毛，冠檐二唇形，上唇直立，先端 2 裂，下唇稍长于上唇，中裂片较小，长圆形，先端全缘，两侧裂片钝三角形；雄蕊 4 个，皆短于花冠，花药平又开，花丝光滑。花期 6~7 月，果期 7~8 月。

【分布与生境】 生于山地草甸或草原多石处。昭苏县各山区均有分布。

【药用部位】 全草。

【成分】 醇类、果酸类、黄酮类。

【功能主治】 辛、苦，凉。疏风清热，凉血解毒。用于感冒头痛，咽喉肿痛，咳嗽，黄疸，痢疾。

全叶青兰

【药材名】全叶青兰

【来源】唇形科（Labiatae）植物全叶青兰 *Dracocephalum integrifolium* Bge.

【形态特征】多年生草本，高 17～60cm。茎直立，基部常木质化，紫褐色，四棱形，有倒向短柔毛。叶对生；具短柄或无柄；叶片狭披针形，先端钝或微尖，基部近圆形或宽楔形，两面无毛，边缘有睫毛，全缘。轮伞花序生于枝端，花蓝紫色或微显粉红色，具短梗，苞片倒卵形或倒卵状披针形，有睫毛，两侧各具 2～3 刺齿；花萼唇形，红紫色，被白色短毛，上唇 3 裂，中央裂齿大，卵圆形具短刺尖，侧齿披针形，具刺尖，下唇 2 裂，披针形具刺尖；花冠唇形，外面被毛，上唇稍向下弯，先端微凹，下唇 3 裂较上唇稍长，中央裂片肾形，先端凹，比侧裂片大；雄蕊 4，后一对较长，花丝被毛；雌蕊子房 4 裂，柱头 2 裂。小坚果长圆形，褐色，光滑。花期 6～7 月，果期 7～8 月。

【分布与生境】生于石质或沙质山坡、草地山坡，昭苏县各山区均有分布。

【药用部位】全草。

【成分】苷类。

【功能主治】苦、辛，微温。祛痰，止咳，平喘。用于慢性气管炎，咳嗽，痰喘。

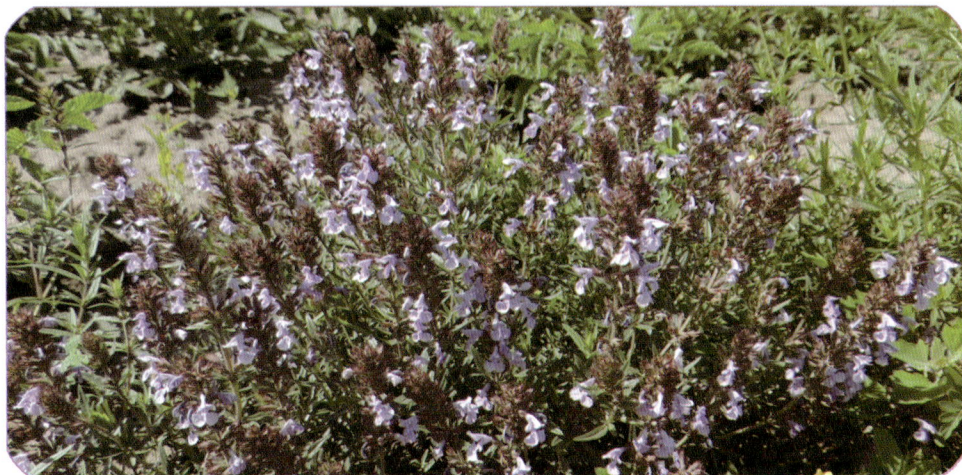

垂花青兰

【药材名】青兰

【来源】唇形科（Labiatae）植物垂花青兰 *Dracocephalum nutans* L.

【形态特征】多年生草本。茎高20~60cm，多数，直立，不分枝或有少数分枝，被短柔毛。基生叶和茎下部叶具长于叶片的柄，叶柄被短柔毛，叶片卵形，顶端钝，叶基心形，边缘具钝锯齿，无毛，长1~3cm，宽1~2cm，背面通常紫红色，茎中部叶具等于或短于叶片的柄，叶片长椭圆状卵形，长3~4cm，宽1~2cm，无毛，顶端钝，叶基截平或不明显心形，边缘具钝锯齿，茎上叶较小，具不明显的或不超过叶片长度一半的短柄，被疏短柔毛。花具短柄，假轮生于茎上部叶腋；萼片长圆形，长4~5mm，宽2~3mm，暗紫红色，全缘，被短柔毛，不明显二唇，上唇3裂至3/4处，中萼齿卵形，宽于披针状侧萼齿3~4倍，下唇2裂至基部，萼齿披针形，上、下唇萼齿皆具短芒；花冠蓝紫红色，长15~20mm，外面被短柔毛，冠檐二唇形，上唇直立，长约4mm，先端2裂，裂片长圆形，长2mm，下唇较大，中裂片肾形，长约5mm，先端微凹，两侧裂片半圆形，长约1mm；雄蕊4个，后对雄蕊不伸出花冠；花柱微伸出。小坚果。种子暗棕褐色。花期6~7月，果期7~8月。

【分布与生境】生于山地阳坡及谷中阳处，昭苏县各山区均有分布。

【药用部位】全草。

【成分】醇类、果酸类、黄酮类。

【功能主治】辛、苦，凉。疏风清热，凉血解毒。用于感冒头痛，咽喉肿痛，咳嗽，黄疸，痢疾。

光青兰

【药材名】青兰

【来源】唇形科（Labiatae）植物光青兰 *Dracocephalum imberbe* Bge.

【形态特征】多年生草本。根茎粗，顶部生数茎。茎高 10～40cm，直立或渐升，四棱形，有长柔毛，上部密，中部以下稍稀疏，节上多为绵状长柔毛，除花茎外，还具有一束叶的短缩营养枝。基生叶和营养枝叶均具长于叶片 2～3 倍的叶柄，叶柄具短柔毛；叶片卵圆形或圆肾形，长与宽皆为 1.5～2cm，顶端圆形，叶基心形，边缘具圆齿，两面被紧密短柔毛，茎生叶具短叶片的柄或上部几无柄，叶片小于基生叶。花具不明显短柄，假轮生茎上部叶腋，集成长圆形或卵形花序，往往下部花轮距离花序较远；苞片倒卵形，暗紫红色，被短柔毛，边缘为绵状长柔毛，长 10～12mm，宽 6～10mm，基部渐狭呈模形，上部具不规则齿状裂片，裂片无芒；花萼钟状，暗紫红色，长 12～16mm，被粗糙柔毛，不明显二唇，上唇 3 裂至 2/3 处，萼齿卵状披针形，3 个弯齿几相同，齿端具不明显短芒或无芒，下唇 2 裂至基部，萼齿为披针形，齿端为钻状芒；花冠蓝紫色，被短柔毛，长 25～35mm，冠檐二唇形，上唇直立，先端 2 裂，裂达 1/3 处，裂片半圆形，下唇较大，中裂片长约 5mm，宽约 4mm，肾形，两侧裂片半圆形；雄蕊 4 个，后对雄蕊不伸出花冠，花柱微伸出上唇，花丝疏被毛。花期 7 月；果期 8～9 月。

【分布与生境】生于山地阳坡及山谷中向阳处，昭苏县各山区均有分布。

【药用部位】全草。

【成分】醇类、果酸类、黄酮类。

【功能主治】辛、苦，凉。疏风清热，凉血解毒。用于感冒头痛，咽喉肿痛，咳嗽，黄疸，痢疾。

大花青兰

【药材名】青兰

【来源】唇形科（Labiatae）植物大花青兰 *Dracocephalum grandiforum* L.

【形态特征】多年生草本，高 15～40cm。根茎顶部生数茎，不分枝，四棱形，密被倒向的短柔毛，具 2～3 个节。基生叶和营养枝叶具长于叶片 1.5～2 倍的叶柄；叶片长圆状卵形或长圆形，长 3～7cm，宽 2.5～3.5cm，顶端钝，叶基心形，边缘具圆齿，两面被疏短柔毛，沿脉叶具长柔毛，茎生叶 3～4 对，具短柄或上部叶近无柄，叶片长圆形或卵形，比基生叶小。花具不明显短柄，假轮生于茎上部叶腋，集成头状花序；苞叶具粗牙齿，苞片倒卵形，紫红色，被短柔毛及长睫毛，每侧具 4 锯齿，被针形或狭披针形，先端锐渐尖，倒枝针形，每侧具 1～2 锯齿，先端渐狭成刺，刺尖 2～3mm；花萼长 1.5～2cm，具不明显一唇，萼齿长度几相等，一般长 10mm，外被小毛及长柔毛，上部紫色，上唇 3 裂，中萼齿阔卵形，下唇 2 裂至基部，萼齿披针形，上下唇萼齿皆具不明显短芒；花冠蓝紫色，外被短柔毛，长 2.5～5cm，冠檐二唇形，上唇盔瓣状，先端 2 裂，裂片圆形，长 4mm，里面具白绵毛，下唇宽大，肾形，长约 8mm，萼上有深色斑点及白色长柔毛，两侧裂片较小；雄蕊 4 个，后对雄蕊不伸出花冠，花丝被疏毛，顶端具钝的突起。小坚果卵形。花期 6～7 月，果期 7～8 月。

【分布与生境】生于山地阳坡及山谷中向阳处，昭苏县各山区均有分布。

【药用部位】全草。

【成分】醇类、果酸类、黄酮类。

【功能主治】辛、苦、凉。疏风清热，凉血解毒。用于感冒头痛，咽喉肿痛，咳嗽，黄疸，痢疾。

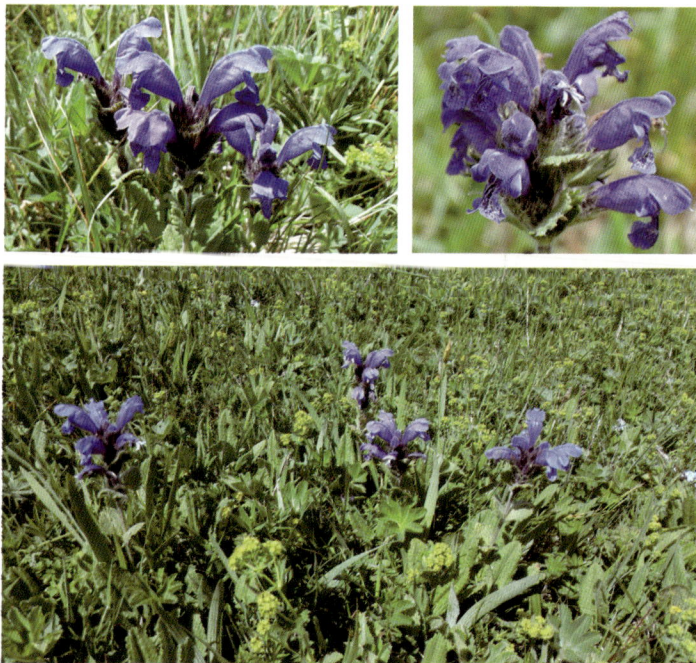

青 兰

【药材名】青兰

【来源】唇形科（Labiatae）植物青兰 *Dracocephalum ruyschiana* L.

【形态特征】多年生草本，具木质根茎。自根茎生出数个茎，直立，钝四棱形，被倒向的小毛，在下部较稀疏，自叶腋生出具有小型叶的短枝。叶无柄或几无柄，线形或披针状线形，先端钝，基部窄楔形，长 3.4～6.2cm，上面及下面中脉疏被小毛或变无毛。轮伞花序生于茎上部 4～6 节，占长度 2.5～6cm，多少密集；苞片长为萼 1/2 或更短，卵状椭圆形，先端锐尖，密被睫毛。花萼长 10～12mm，外面中部以下密被短毛，上部较稀疏，2 裂约至 2/5 处，上唇 3 裂至本身 2/3 处，中齿卵状椭圆形，较侧齿稍宽，侧齿三角形或宽披针形，下唇 2 裂至本身基部，齿披针形，各齿均先端锐尖，被睫毛，常带紫色。花冠蓝紫色，长 1.7～2.4cm，外被短柔毛。花药被短柔毛。花期 6～7 月，果期 7～8 月。

【分布与生境】生于山地草甸或草原多石处，昭苏县各山区均有分布。

【药用部位】全草。

【成分】醇类、果酸类、黄酮类。

【功能主治】辛、苦，凉。疏风清热，凉血解毒。用于感冒头痛，咽喉肿痛，咳嗽，黄疸，痢疾。

夏枯草

【药材名】夏枯草

【来源】唇形科（Labiatae）植物夏枯草 *Prunella vulgaris* L.

【形态特征】多年生草本，根茎匍匐，在节上生须根。茎高 20～30cm，上升，下部伏地，自基部多分枝，钝四棱形，紫红色，被稀疏的糙毛或近于无毛。茎叶卵状长圆形或卵圆形，先端钝，基部圆形、截形至宽楔形，下延至叶柄成狭翅，几近全缘，草质，上面橄榄绿色，具短硬毛或几无毛，下面淡绿色。轮伞花序密集组成穗状花序，苞片宽心形，浅紫色。花萼钟形，倒圆锥形，花冠紫、蓝紫或红紫色，冠檐二唇形，上唇近圆形，先端微缺，下唇约为上唇1/2，3 裂，中裂片较大，近倒心脏形，先端边缘具流苏状小裂片，侧裂片长圆形，垂向下方，细小。雄蕊 4，花丝略扁平，花药 2 室，花柱纤细，先端相等 2 裂，裂片钻形，外弯。花盘近平顶。小坚果黄褐色，长圆状卵珠形。花果期 5～8 月。

【分布与生境】多生于山地草原、草甸、灌木丛及云杉林间空地，昭苏县境内均有分布。

【药用部位】花序。

【成分】含夏枯草苷、熊果酸、齐墩果酸、芸香苷、金丝桃苷、α-茴香酮等。

【功能主治】辛、苦，寒。清热泻火，明目，散结消肿。治口眼歪斜，止筋骨痛，舒肝气，开肝郁。

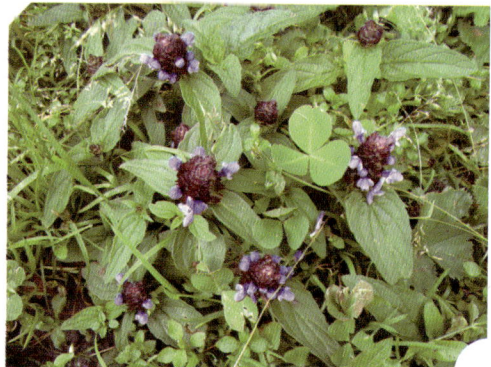

草原糙苏

【药材名】糙苏

【来源】唇形科（Labiatae）植物草原糙苏 *Phlomis pratensis* Kar. et Kir.

【形态特征】多年生草本，地下根多扭曲呈绳状。高 30～60cm，茎单生或由基部分枝，四棱形，常被长柔毛，有时具混生星状毛。基生叶及下部的茎生叶心状卵圆形或卵状长圆形，先端急尖或钝，基部心形，边缘具圆齿，两面被疏柔毛及混生的星状疏柔毛；基生叶的叶柄长 10～22cm，被长柔毛，上部茎生叶具较短的柄，被柔毛。轮伞花序具许多花，着生在茎的顶端或分枝的上部；苞片在基部彼此连接，较粗，线状钻形，长于萼或等于萼，被星状毛或长柔毛；花萼管状，长 10～15mm，被单生及星状疏柔毛，齿微缺，先端具芒尖；花冠紫红色，伸出萼 1.5～2 倍，冠筒外面在下部无毛，其余部分被长柔毛，内面有斜升、间断的毛环，冠檐二唇形，外被长柔毛，上唇边缘具不整齐的锯齿，内面密被髯毛，下唇中裂片宽倒卵形，侧裂片较短，卵形；后对雄蕊花丝基部远在毛环上具纤细向下附属物，花药微伸出花冠。小坚果无毛。

【分布与生境】生于亚高山草原中平缓阳坡、谷地、半阴坡和半阳坡，昭苏县境内均有分布。

【药用部位】全草。

【成分】山栀苷甲酯、琥珀酸、水苏素。

【功能主治】辛，涩，温，平。祛风活络，强筋壮骨，消肿，抑菌。治感冒，慢性支气管炎，风湿关节痛。

鼬瓣花

【药材名】鼬瓣花

【来源】唇形科（Labiatae）植物鼬瓣花 *Galeopsis bifida* Boenn.

【形态特征】一年生草本，高 20～100cm。茎直立，多分枝，粗壮，四棱形，具长节间，淡黄绿色，被较密向下的多节刚毛，上部混杂腺毛。叶柄被具节长刚毛及柔毛；叶片卵圆状披针形或披针形，基部宽楔形，先端锐尖或渐尖，边缘有整齐的圆状锯齿，腹面具稀疏的具节刚毛，背面具疏生微柔毛并混生有腺点。花腋生，多密集在茎顶端形成轮伞花序；小苞片线形或披针形，先端刺尖，边缘有刚毛；花萼管状钟形，齿 5 个，披针形，先端为长刺状；花冠红色，冠筒漏斗状，喉部增大，冠檐二唇形，上唇卵圆形，先端钝，具不等的齿，外面被硬毛，下唇 3 裂，裂片长圆形，3 个裂片近相等，中裂片先端微凹，侧裂片长圆形，全缘；雄蕊 4 个，均延伸至上唇片之下，花丝丝状，下部被小疏毛，花药卵圆形，2 室，二瓣横裂，内瓣小，具纤毛；花柱先端近相等 2 裂；花盘前面呈指状增大；子房无毛，褐色。小坚果倒卵状三棱形。花果期 6～9 月。

【分布与生境】生于田边旷野、河岸沙地及溪旁，昭苏县境内均有分布。

【药用部位】全草。

【成分】鼠瓣花苷、哈帕苷、鼬瓣花次苷。

【功能主治】甘、微苦，微寒。清热解毒，明目退翳。治目赤肿痛，翳障，梅毒，疮疡。

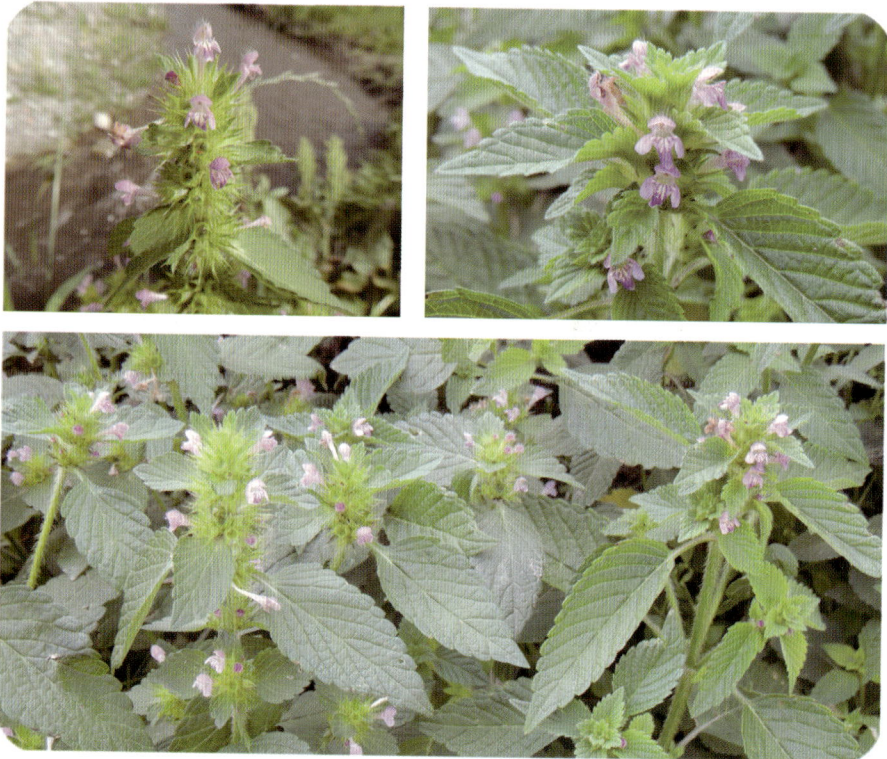

野芝麻

【药材名】野芝麻

【来源】唇形科（Labiatae）植物野芝麻 *Lamium album* L.

【形态特征】多年生草本，高30～50cm。茎四棱，被刚毛。茎下部叶较小，茎上部叶卵圆形或卵圆状长圆形，先端急尖或钝，基部心形，边缘具牙齿状锯齿，上下两面被稀疏的短硬毛；叶柄被稀疏的短硬毛；苞叶叶状，近于无柄。轮伞花序5～10个；苞片线形；花萼钟形，基部有时紫红色，具稀疏硬毛，萼齿披针形，约为花萼之半，先端具芒状尖，边缘具睫毛；花冠白色或淡黄色外面被短柔毛，里面基部有斜向的毛环，冠檐二唇形，上唇倒卵圆形，先端钝，下唇3裂，中裂片倒肾形，先端深凹，基部收缩，边缘具长睫毛，侧裂片圆形，具钻形小齿；雄蕊花丝扁平，上部被长柔毛，花药黑紫色，被有长柔毛。小坚果长卵圆形。花期6～8月，果期9月。

【分布与生境】生于山地草甸、山谷半阴坡草丛中，昭苏县各山区均有分布。

【药用部位】全草。

【成分】含胡萝卜素、生物碱、苷类、鞣质、维生素C。

【功能主治】辛，甘，平。凉血止血，活血止痛，利湿消肿。用于肺热咳血，血淋，月经不调，崩漏，水肿，白带，胃痛，小儿疳积，跌打损伤，肿毒。

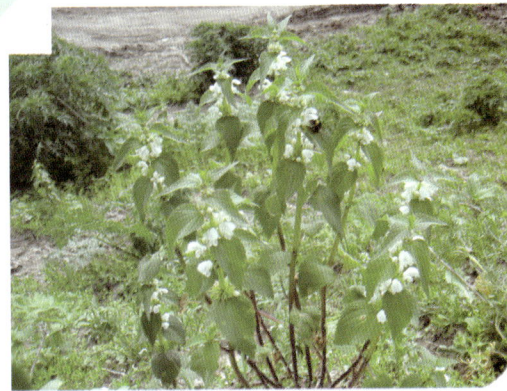

新疆益母草

【药材名】益母草

【来源】唇形科（Labiatae）植物新疆益母草 *Leonurus turkestanicus* V. Krecz. et Kupr.

【形态特征】多年生草本，高 20～100cm。根木质化，茎直立，四棱，无毛，有纵棱。叶对生，下部叶具长柄；叶片圆形或卵圆形，基部截形或微心脏形，边缘具深浅不等的裂片，在深裂的叶片上具 2～3 宽楔状裂片；花序叶 3 裂，裂片宽披针形，基部收缩成楔形，上面暗褐色，下面淡绿色，两面光滑。花序长，轮生在叶腋；苞片锥形，具细绒毛，等于或长于萼筒；花萼长约 8mm，具短毛，萼齿 5 裂，尖刺状，基部三角形，有 2 齿较长，向下伸展，基部连合；花冠唇形，淡粉红色，花冠筒内有毛环，上唇盔状，向下渐收缩，全缘，具缘毛，里面光滑；下唇 3 裂，里面有短绒毛，中间裂片较大；雄蕊 4 个，2 枚着生于上唇基部，在花冠上唇内平行弯展，2 枚生于下唇，其长度长于上唇雄蕊，花丝具绒毛，花柱与上唇雄蕊等长，柱头 2 裂。小坚果三棱形。花期 6～7 月，果期 9 月。

【分布与生境】生长在林缘、草甸及山坡草地，昭苏县境内均有分布。

【药用部位】全草、种子。

【成分】益母草碱、水苏碱、黄酮苷、有机酸。

【功能主治】辛，苦，微寒。活血祛瘀，调经消水。治月经不调，胎漏难产，胞衣不下，产后血晕，瘀血腹痛，崩中漏下，尿血，泻血，痈肿疮疡。

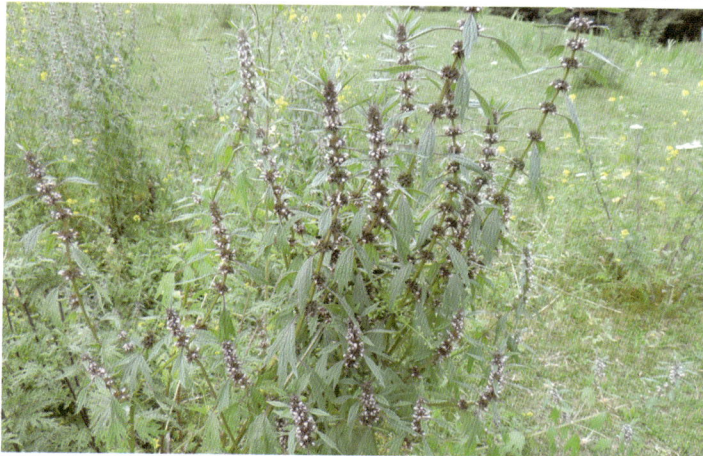

新疆鼠尾草

【药材名】新疆鼠尾草

【来源】唇形科（Labiatae）植物新疆鼠尾草 *Salvia deserta* Schang.

【形态特征】多年生草本；根茎粗壮，木质，斜行，向下生出纤维状须根。茎单一或多数自根茎生出，高达70cm，钝四棱形，具浅槽及细条纹，绿色，被疏柔毛及微柔毛，不分枝或多分枝。叶卵圆形或披针状卵圆形，先端锐尖或渐尖，心形，边缘具不整齐的圆锯齿，上面绿色，膨泡状，粗糙，被微柔毛，下面淡绿或灰绿色，被短柔毛。轮伞花序4~6花，由枝及茎顶组成伸长的总状或总状圆锥花序；苞片宽卵圆形，紫红色，全缘，两面密被短柔毛；花梗与花序轴密被微柔毛。花萼卵状钟形，花冠蓝紫至紫色，外面被小疏柔毛，混生有黄褐色腺点，冠檐二唇形，上唇椭圆形，两侧折合，弯成镰刀形，先端微凹，下唇轮廓近圆形，3裂，中裂片阔倒心形，先端微凹，边缘波状，侧裂片椭圆形。雄蕊2，不外伸，与花冠等长。花柱与花冠等长，先端不相等2浅裂，前裂片较长。小坚果倒卵圆形，黑色，光滑。花果期6~9月。

【分布与生境】多生于山地草原、草甸、灌木丛下，昭苏县境内均有分布。

【药用部位】全草。

【成分】醇类、果酸类、黄酮类。

【功能主治】清热解毒，止咳祛痰，消肿利尿。主治鼻衄，牙龈出血。

芳香新塔花

【药材名】唇香草

【来源】唇形科（Labiatae）植物芳香新塔花 *Ziziphora clinopodioides* Lam.

【形态特征】半灌木，具薄荷香味，高 15～40cm。根粗壮，木质化。茎直立或斜向上，四棱，紫红色，从基部分枝，密生向下弯曲的短柔毛。叶对生，腋间具数量不等的小叶；叶片宽椭圆形、卵圆形、长圆形、披针形或卵状披针形，基部楔形延伸成柄，先端渐尖，全缘，两面具稀的柔毛，背面叶脉明显，具黄色腺点。花序轮伞状，着生在茎及枝条的顶端，集成球状，花梗长 2～3mm；苞片小，叶状，边缘具稀疏的睫毛；花萼筒形，外被白色的毛，里面喉部具白毛，萼齿 5 个，近相等，果期不靠合或稍开展，花冠紫红色，冠筒伸出萼外，内外被短柔毛，冠檐二唇形，上唇直伸，顶端微凹，下唇 3 裂，中裂片狭长，先端微刻，侧裂片圆形；雄蕊 4 个，仅前对发育，后对退化，伸出冠外；花柱先端 2 浅裂，裂片不相等。小坚果卵圆形。花果期 6～9 月。

【分布与生境】多生于山地草原、砾石质坡地、草甸及灌木丛下，昭苏县境内均有分布。

【药用部位】全草。

【成分】挥发油、薄荷酮、百里香酚、香茅醇、咖啡酸、新塔花酸。

【功能主治】辛，寒。疏散风热，清热消炎，强心利尿，安神强壮。治风热感冒，头痛，咽痛，失眠，多梦，软骨病。

牛　至

【药材名】牛至

【来源】唇形科（Labiatae）植物牛至 *Origanum vulgare* L.

【形态特征】多年生草本；根茎斜生，木质。茎直立或近基部伏地，带紫色，四棱形，具倒向或微蜷曲的短柔毛，中上部各节有具花的分枝，下部各节有不育的短枝。叶具柄，叶片卵圆形或长圆状卵圆形，先端钝或稍钝，基部宽楔形至近圆形或微心形，全缘，上面亮绿色，常带紫晕，具不明显的柔毛及凹陷的腺点，下面淡绿色，明显被柔毛及凹陷的腺点，侧脉 3~5 对；苞叶无柄，常带紫色；花序呈伞房状圆锥花序，开张，多花密集，由多数长圆状小穗状花序所组成；苞片长圆状倒卵形至倒卵形或倒披针形，锐尖，绿色或带紫晕，全缘。花萼钟状，萼齿 5，三角形；花冠紫红、淡红至白色，管状钟形，两性花冠筒长 5mm，显著超出花萼，而雌性花冠筒短于花萼，外面疏被短柔毛，冠檐明显二唇形，上唇直立，卵圆形，先端 2 浅裂，下唇开张，3 裂，中裂片较大，侧裂片较小，均长圆状卵圆形。雄蕊 4，花丝丝状，扁平，无毛，花药卵圆形，2 室，两性花由三角状楔形的药隔分隔，而雌性花中药隔退化雄蕊的药室近于平行。花盘平顶。花柱略超出雄蕊，先端不相等 2 浅裂，裂片钻形。小坚果卵圆形，褐色。花果期 6~9 月。

【分布与生境】生于路旁、山坡、林下及草地，昭苏县境内均有分布。

【药用部位】全草。

【成分】酚类、酸类。

【功能主治】辛、微苦，凉。解表理气，清暑利湿。治感冒发热，中暑，胸膈胀满，黄疸，水肿，小儿疳积，麻疹，皮肤瘙痒，疮疡肿痛，跌打损伤。

异株百里香

【**药材名**】百里香

【**来源**】唇形科（Labiatae）植物异株百里香 *Thymus marschallianus* Willd.

【**形态特征**】半灌木。茎短，多分枝，不育枝不发达，通常比花枝短而少，被短柔毛，花枝发达，高可达 30cm，近直立或上升，具花部分被开展或向下的长柔毛，不具花部分通常被短柔毛。叶长圆状椭圆形或线状长圆形，先端锐尖或钝，全缘，绿色，两面无毛或稀被微柔毛。轮伞花序沿着花枝的上部排成间断或近连续的穗状花序。两性花、雌花异株，两性花发育正常，雌性花较退化，花冠较短小，下唇裂片较两性花的短，雄蕊不发育；花梗密被短柔毛。花萼管状钟形，外被开展的疏柔毛，上唇呈齿尖三角形或三角形，具缘毛。花冠红紫或紫色，也有白色，两性花长约 5mm，伸出花萼，下唇开裂，雌性花的下唇与花萼近等长或微伸出花萼，下唇近伸直，外被短柔毛。雄蕊 4，在雌花中不发育，极短。小坚果卵圆形，黑褐色，光滑。花果期 6~9 月。

【**分布与生境**】生于山地草原及灌木林下，昭苏县境内均有分布。

【**药用部位**】全草。

【**成分**】挥发油、百里香酚、香荆芥酚、对伞花烃、乌索酸、咖啡酸等。

【**功能主治**】辛、苦，凉。发表清热，和中祛湿。治感冒，头痛，肺热咳喘，消化不良，胃痛，腹痛吐泻，风湿痹痛。

玫瑰百里香

【药材名】百里香

【来源】唇形科（Labiatae）植物玫瑰百里香 *Thymus roseus* Schipcz.

【形态特征】半灌木。茎匍匐，顶端具不育枝条，花枝直立，细弱，四棱，褐色，被较密的白毛。叶对生，长圆状椭圆形或卵圆形，边缘的基部具稀疏的睫毛，两面光滑，先端钝，基部收缩，背部具稀的黄色腺点，叶脉2，突起；具长柄，被白毛，花着生在花枝顶端，形成头状花序；苞叶椭圆形或卵状菱形，边缘具睫毛，小花具短梗，被白色柔毛；花萼狭钟状，上面紫色，下面绿色，外面光滑，里面具白色长柔毛，花萼5齿，上3齿，狭披针形，渐尖，边缘光滑，下2齿，锥状，具长白刚毛；花冠紫红色，外面光滑，里面冠筒中具稀疏的白柔毛，冠檐二唇形，上唇顶端2微裂，下唇3裂，裂片几乎相等；雄蕊4个，前对伸出冠外；花柱长于雄蕊，先端2等裂。花果期6~9月。

【分布与生境】生于山地草原及灌木林下，昭苏县境内均有分布。

【药用部位】全草。

【成分】挥发油、百里香酚、香荆芥酚、对伞花烃、乌索酸、咖啡酸等。

【功能主治】辛，苦，凉。发表清热，和中祛湿。治感冒，头痛，肺热咳喘，消化不良，胃痛，腹痛吐泻，风湿痹痛。

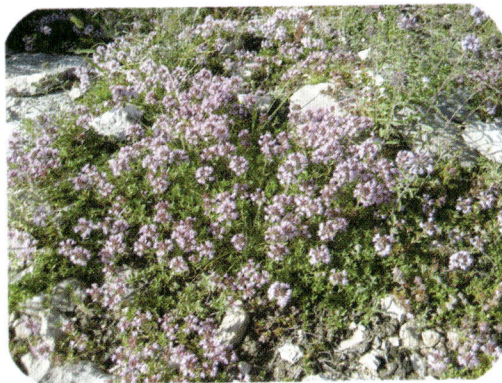

薄 荷

【药材名】 薄荷

【来源】 唇形科（Labiatae）植物薄荷 *Mentha haplocalyx* Briq.

【形态特征】 多年生草本，高 30～70cm。根较细，具纤细的须根及水平匍匐根茎。茎四棱形，被微柔毛，由基部多分枝。叶片长圆状披针形、披针形、椭圆形，先端锐尖，基部楔形至近圆形，边缘在基部上具较粗大的牙齿状锯齿，两面均被较密的柔毛。花轮伞花序，腋生，外轮廓球形，具梗或无梗，被微柔毛；花萼管状钟形，长约 2.5mm，外被微柔毛，具 10 条脉纹，萼齿 5 个，狭三角状钻形，先端长锐尖；花冠淡紫色，外面略被微柔毛，内面在喉部被微柔毛，冠檐 4 裂，上裂片先端 2 裂，较大，其余 3 裂片近等大，长圆形，先端纯；雄蕊 4 个，前对较长，伸出花冠之外或不伸出于外，仅达花冠之半，花丝丝状，花药卵圆形，2 室；花柱略超出雄蕊，先端近相等 2 浅裂，裂片钻形；花盘平顶。小坚果卵圆形。花果期 6～9 月。

【分布与生境】 生于山沟、平原农田、湿地及水沟边，昭苏县境内均有分布。

【药用部位】 全草。

【成分】 薄荷油、酮类、酯类、有机酸等成分。

【功能主治】 辛，凉。疏散风热，清利头目，利咽透疹，疏肝行气。治外感风热，头痛，咽喉肿痛，食滞气胀，口疮，牙痛，疮疥，瘾疹，温病初起，风疹瘙痒，肝郁气滞，胸闷胁痛。

亚洲薄荷

【药材名】薄荷

【来源】唇形科（Labiatae）植物亚洲薄荷 *Mentha asiatica* Boriss.

【形态特征】多年生草本，高 30～100cm。根茎斜生，节上生须根；全株被短绒毛。茎直立，较少分枝，四棱形，密被短绒毛。叶片长圆形、长椭圆形或长圆状披针形，先端急尖，基部圆形或宽模形，两面均被密生的短绒毛，两边具稀疏不相等的牙齿，具短柄或无柄，密被短绒毛。轮伞花序在茎的顶端或枝的顶端集成穗状花序，下端的轮伞花序有时较远隔；苞片小，线形或钻形，被稀疏的短柔毛；花萼钟状，长约 2mm，外面多少紫红色，被贴生的短柔毛或柔毛，具节，萼齿 5 个，线形；花冠紫红色，长约 4mm，微伸出萼筒之外，冠筒上部膨大，外面被稀疏的短柔毛，冠檐 4 裂，上裂片长圆状卵形，先端微凹，其余 3 裂片长圆形，先端钝；雄蕊 4 个，伸出于冠筒之外或不伸出，基部具毛；花柱伸出花冠很多，先端 2 浅裂；花盘平顶。小坚果褐色，顶端被柔毛。花果期 6～9 月。

【分布与生境】生于山沟、平原农田、湿地及水沟边，昭苏县境内均有分布。

【药用部位】全草。

【成分】薄荷油、酮类、醌类、有机酸等成分。

【功能主治】辛，凉。疏散风热，清利头目，利咽透疹，疏肝行气。治外感风热，头痛，咽喉肿痛，食滞气胀，口疮，牙痛，疮疥，瘾疹，温病初起，风疹瘙痒，肝郁气滞，胸闷胁痛。

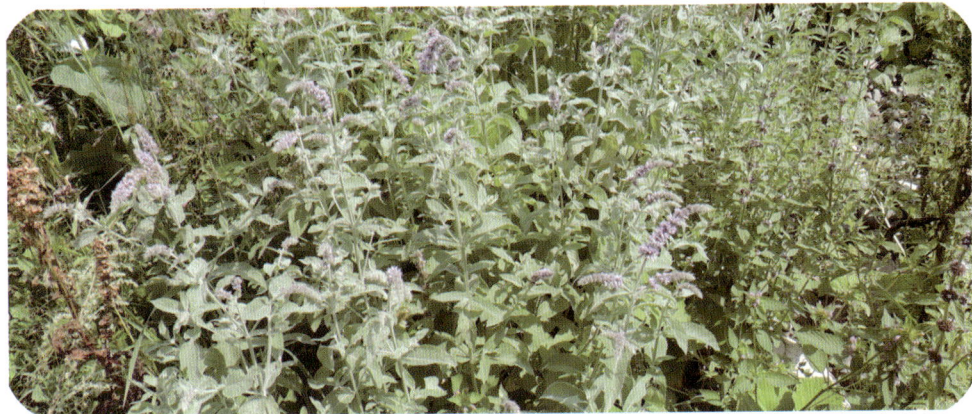

欧洲地笋

【药材名】地笋

【来源】唇形科（Labiatae）植物欧洲地笋 *Lycopus europaeus* L.

【形态特征】多年生沼泽植物，高 20～60cm。地下根茎横走，具短节，节上生须根，黑褐色。茎直立，基部微弯曲，四棱形，光滑或具极稀的柔毛，紫褐色。叶长圆状椭圆形或披针状椭圆形，先端渐尖，基部狭楔形，延伸呈柄状，边缘具宽的牙齿，上部近全缘或具小牙齿。花为轮伞花序，多数着生在茎顶端叶腋形成球状；苞片披针形，长于花萼，被稀疏的短柔毛及睫毛，先端尖刺状；花萼钟状，外面被稀疏的柔毛，内面无毛，萼齿5个，披针形，近相等，先端具尖刺；花冠白色，外面被微柔毛，上唇直伸，长圆形，先端微凹，下唇3裂，裂片近相等，长圆形；雄蕊4个，前对雄蕊能育，但不伸出冠外，后对雄蕊退化呈丝状，花药卵圆形，2室，花丝丝状，花柱稍伸出冠外，先端相等2浅裂，裂片钻形。小坚果三棱形，边缘加厚，基部有一小白痕。花果期6～9月。

【分布与生境】生于草原、沼泽、湿地，昭苏县境内均有分布。

【药用部位】全草、根茎。

【成分】泽兰糖、葡萄糖、半乳糖、蔗糖、水苏糖等。

【功能主治】甘、辛，温。活血化瘀，清热解毒，通经，利尿。治月经不调，经闭，痛经，产后瘀血腹痛，水肿。

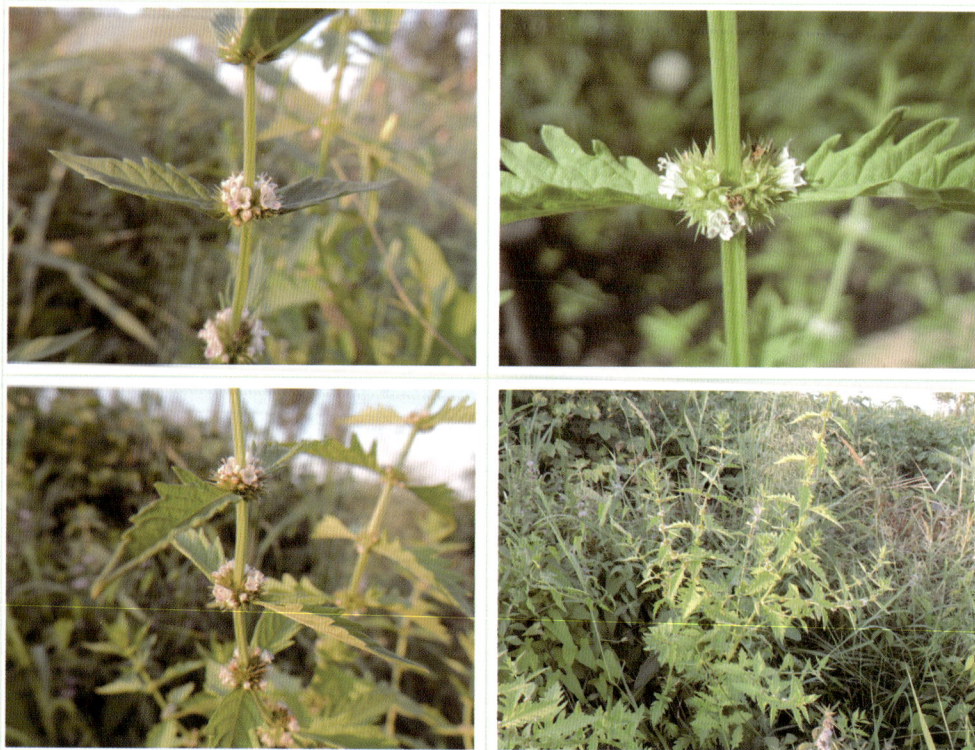

香 薷

【药材名】香薷

【来源】唇形科（Labiatae）植物香薷 *Elsholtzia ciliata*（Thunb.）Hyland.

【形态特征】多年生草本，直立，高 0.3～0.5 米，具密集的须根。茎自中部以上分枝，钝四棱形，具槽，无毛或被疏柔毛，常呈麦秆黄色，老时变紫褐色。叶卵形或椭圆状披针形，先端渐尖，基部楔状下延成狭翅，边缘具锯齿，上面绿色，疏被小硬毛，下面淡绿色，主沿脉上疏被小硬毛，余部散布松脂状腺点，侧脉 6～7 对，于中肋两面稍明显；叶柄长 0.5～3.5cm，背平腹凸，边缘具狭翅，疏被小硬毛。穗状花序偏向一侧，由多花的轮伞花序组成；苞片宽卵圆形或扁圆形先端具芒状突尖，边缘具缘毛；花梗纤细，近无毛，序轴密被白色短柔毛。花萼钟形，外面被疏柔毛，疏生腺点，内面无毛，萼齿 5，三角形，前 2 齿较长，先端具针状尖头，边缘具缘毛。花冠淡紫色，外面被柔毛，上部夹生有稀疏腺点，喉部被疏柔毛，冠筒自基部向上渐宽，冠檐二唇形，上唇直立，先端微缺，下唇开展，3 裂，中裂片半圆形，侧裂片弧形，较中裂片短。雄蕊 4，前对较长，外伸，花丝无毛，花药紫黑色。花柱内藏，先端 2 浅裂。小坚果长圆形，棕黄色，光滑。花果期 6～9 月。

【分布与生境】生长在林缘、高山草甸及山坡荒地，昭苏县境内均有分布。

【药用部位】全草。

【成分】香豆素、黄酮、苷类。

【功能主治】辛，微温。发汗解暑，行水散湿，温胃调中。治夏月感寒饮冷，头痛发热，恶寒无汗，胸痞腹痛，呕吐腹泻，水肿，脚气。

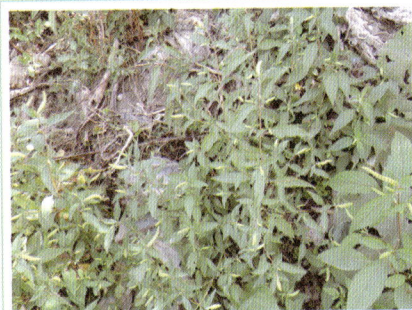

密花香薷

【**药材名**】香薷

【**来源**】唇形科（Labiatae）植物密花香薷 *Elsholtzia densa* Benth.

【**形态特征**】多年生草本，密生须根。高 20～60cm，茎直立，自基部多分枝，分枝细长，茎及枝均四棱形，具槽，被短柔毛。叶长圆状披针形至椭圆形，先端急尖或微钝，基部宽楔形或近圆形，边缘在基部以上具锯齿，草质，上面绿色下面较淡，两面被短柔毛，侧脉 6～9 对，与中脉在上面下陷明显；叶柄长 0.3～1.3cm，背腹扁平，被短柔毛。穗状花序长圆形或近圆形，长 2～6cm，宽 1cm，密被紫色串珠状长柔毛，由密集的轮伞花序组成；最下的一对苞叶与叶同形，向上呈苞片状，卵圆状圆形，先端圆，外面及边缘被具节长柔毛。花萼钟状，外面及边缘密被紫色串珠状长柔毛，萼齿 5 个，后 3 齿稍长，近三角形，果时花萼膨大，近球形，外面密被串珠状紫色长柔毛。花冠小，淡紫色，外面及边缘密被紫色串珠状长柔毛，内面在花丝基部具不明显的小疏柔毛环，冠筒向上渐宽大，冠檐二唇形，上唇直立，先端微缺，下唇稍开展，3 裂，中裂片较侧裂片短。雄蕊 4，前对较长，微露出，花药近圆形。花柱微伸出，先端近相等 2 裂。小坚果卵珠形，暗褐色，被极细微柔毛，腹面略具棱，顶端具小疣突起。花果期 6～9 月。

【**分布与生境**】生长在林缘、高山草甸及山坡荒地，昭苏县境内均有分布。

【**药用部位**】全草。

【**成分**】香豆素、黄酮、苷类。

【**功能主治**】辛，微温。发汗解暑，利水消肿。用于伤暑感冒，水肿；外用于脓疮及皮肤病。

56 茄 科

莨 菪

【药材名】天仙子

【来源】茄科（Solanaceae）植物莨菪 *Hyoscyamus niger* L.

【形态特征】二年生草本，高1米，全株被黏质腺毛和柔毛，根粗壮，肉质，茎短。基生叶丛生呈莲座状；茎生叶互生，长卵形或三角状卵形，先端渐尖或钝，基部宽楔形，无柄而半抱茎，或为楔形向下变窄呈长柄状，边缘羽状深裂或浅裂，裂片三角形，茎顶端叶呈浅波状。花单生于叶腋，在茎顶端则聚集成蝎尾式总状花序，通常偏向一侧；花萼筒状钟形，密被细腺毛和长柔毛，果时膨大呈坛状，裂片大小不等，呈宽短三角形，顶端锐尖或具小芒尖；花冠钟状，黄色带紫色脉纹，长约为花萼的1倍；雄蕊伸出花冠。蒴果卵球状，藏于宿萼内。种子多数，近圆盘形，淡黄棕色。花期6~8月，果期8~9月。

【分布与生境】生于平原、山区、路旁、村旁、田野及河边沙地，昭苏县境内有分布。

【药用部位】种子。

【成分】含莨菪碱、东莨菪碱、阿托品、阿朴莨菪碱、托品碱等生物碱。

【功能主治】苦、辛，温，大毒。解痉止痛，安心定痫，主治脘腹疼痛，风湿痹痛，风虫牙痛，跌打伤痛，喘嗽不止，泻痢脱肛，癫狂，惊痫，痈肿疮毒。

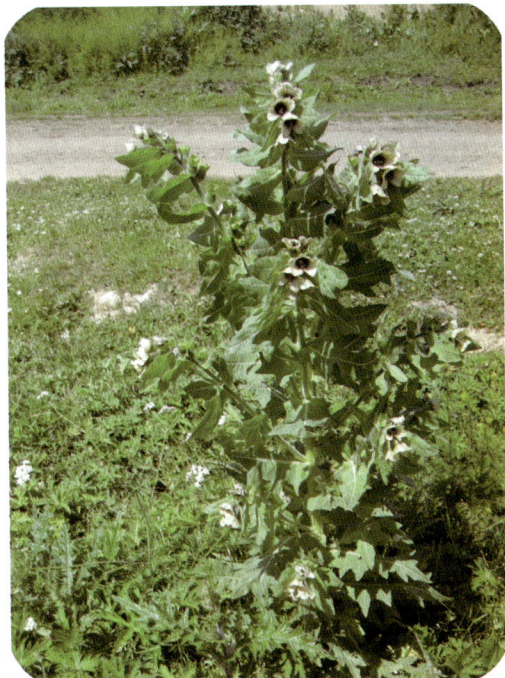

龙 葵

【药材名】龙葵

【来源】茄科（Solanaceae）植物龙葵 *Solanum nigrum* L.

【形态特征】一年生直立草本，高 0.25～1 米，茎无棱或棱不明显，绿色或紫色，近无毛或被微柔毛。叶卵形，先端短尖，基部楔形至阔楔形而下延至叶柄，全缘或每边具不规则的波状粗齿，光滑或两面均被稀疏短柔毛，叶脉每边 5～6 条，叶柄长 1～2cm。蝎尾状花序腋外生，由 3～6 花组成，近无毛或具短柔毛；萼小，浅杯状，齿卵圆形，先端圆，基部两齿间连接处成角度；花冠白色，筒部隐于萼内，冠檐 5 深裂，裂片卵圆形；花丝短，花药黄色，子房卵形，花柱中部以下被白色绒毛，柱头小，头状。浆果球形，熟时黑色。种子多数，近卵形，两侧压扁。花果期 6～9 月。

【分布与生境】生于平原、山区、路旁、村旁、田野及河边沙地，昭苏县境内有分布。

【药用部位】全草。

【成分】生物碱、皂苷、维生素 C、树脂。

【功能主治】苦，寒。有小毒。清热，解毒，活血，消肿。用于疔疮，痈肿，丹毒，跌打扭伤，痢疾，淋浊，慢性咳嗽，痰喘，水肿，癌肿，跌打损伤。

光白英

【药材名】苦茄

【来源】茄科（Solanaceae）植物光白英 *Solanum boreali - sinense* C. Y. Wu et S. C. Huang.

【形态特征】攀援亚灌木，基部木质化，少分枝，茎土黄带青白色，具纵条纹及分散突起的皮孔，高 50～150cm。叶互生，薄膜质，卵形至广卵形，先端渐尖，基部宽心脏形至圆形下延到叶柄，边全缘，不分裂，上面绿色，光滑无毛，唯叶脉及边缘逐渐被微硬毛，边缘具细小而粗糙的缘毛，下面无毛；叶柄长，上部具狭翅，无毛。聚伞花序腋外生，多花，总花梗长达 3cm，花柄长 0.6～1cm，被微柔毛；萼杯状，外面被毛，萼齿 5 枚，微成方形，先端具短尖头；花冠紫色，花冠筒隐于萼内，冠檐先端 5 深裂，裂片披针形；雄蕊 5 枚，着生于花冠筒喉部，花丝分离，花药连合成筒，顶孔向上；子房卵形，花柱丝状，柱头头状。浆果熟时红色，直径约 0.8cm；种子卵形，两侧压扁。花果期 6～9 月。

【分布与生境】生长于林边坡地，昭苏县境内有分布。

【药用部位】全草。

【成分】多种甾体生物碱。

【功能主治】苦、辛，寒。祛风除湿，清热解毒。主治风湿疼痛，破伤风，痈肿，恶疮，疥疮，外伤出血。

曼陀罗

【药材名】洋金花

【来源】茄科（Solanaceae）植物曼陀罗 *Datura stramonium* L.

【形态特征】一年生直立草本，高 0.5 ~ 1.5 米，全体近无毛；茎基部稍木质化。叶卵形或广卵形，顶端渐尖，基部不对称圆形、截形或楔形，边缘有不规则的短齿或浅裂，或者全缘而波状，侧脉每边 4 ~ 6 条。花单生于枝叉间或叶腋，花梗长约 1cm。花萼筒状，裂片狭三角形或披针形，果时宿存部分增大成浅盘状；花冠长漏斗状，筒中部之下较细，向上扩大呈喇叭状，裂片顶端有小尖头，白色、黄色或浅紫色；雄蕊 5，子房疏生短刺毛。蒴果近球状或扁球状，疏生粗短刺，直径约 3cm，不规则 4 瓣裂。种子淡褐色。花果期 7 ~ 9 月。

【分布与生境】生于路旁、沟边，昭苏县境内有分布。

【药用部位】叶、花、种子。

【成分】生物碱、阿托品。

【功能主治】辛，温，有毒。定喘，祛风，麻醉止痛。治哮喘，惊痫，风湿痹痛，脚气，疮疡疼痛。

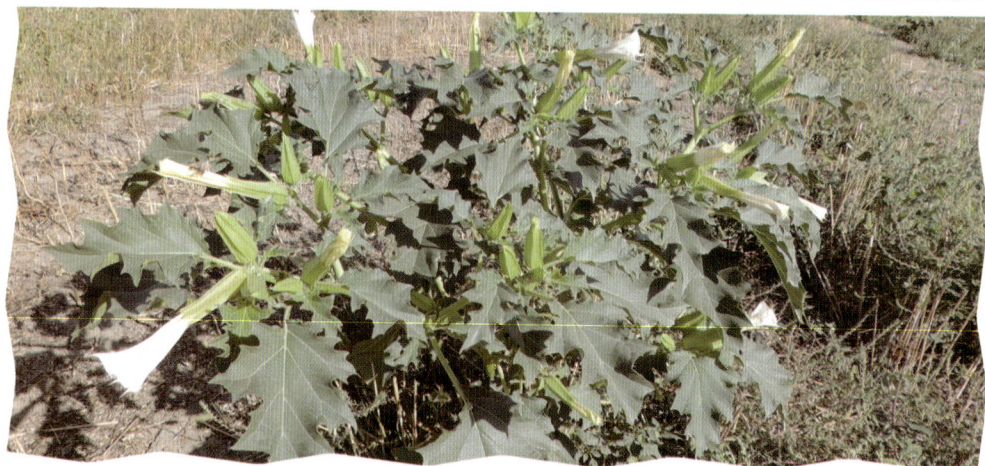

57　玄参科

紫毛蕊花

【药材名】毛蕊花

【来源】玄参科（Scropulariaceae）植物紫毛蕊花 *Verbascum phoeniceum* L.

【形态特征】多年生草本。茎上部有时分枝，高 30～100cm，上部具腺毛，下部具较硬的毛。叶几乎全部基生，叶片卵形至矩圆形，基部近圆形至宽楔形，边具粗圆齿至浅波状，无毛或有微毛，叶柄长达 3cm，茎生叶不存在或很小而无柄。花序总状，花单生，主轴、苞片、花梗、花萼都有腺毛，花梗长达 1.5cm；花萼长 4～6mm，裂片椭圆形；花冠紫色，雄蕊 5，花丝有紫色绵毛，花药肾形。蒴果卵球形，表面有隆起的网纹。花期 5～6 月，果期 6～8 月。

【分布与生境】生于山坡草地或荒地，昭苏县境内均有分布。

【药用部位】全草。

【成分】糖类、醇类、酸类、苷类等物质。

【功能主治】辛、苦，凉。清热解毒，止血散瘀。治肺炎，慢性阑尾炎，疮毒，跌打扭伤，创伤出血。

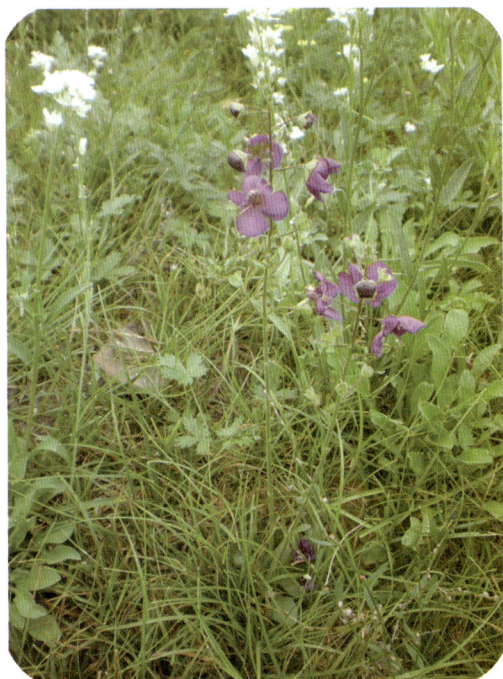

毛瓣毛蕊花

【药材名】毛蕊花

【来源】玄参科（Scropulariaceae）植物毛瓣毛蕊花 *Verbascum blattaria* L.

【形态特征】二年生草本，茎不分枝，高达 20 ~ 100cm。上部疏生微腺毛。基生叶近无柄或基部渐狭似短柄，矩圆形，长达 10cm，宽达 4cm，边具钝锯齿或基部羽状浅裂；茎生叶较多，下部的基生叶但较小，上部的叶矩圆状披针形，向上渐小而成苞片状，边具不规则浅尖齿。花序总状，下部可稍具分枝，长达 50cm，花单生，主轴、花梗、花萼都有腺毛，花梗长 5 ~ 10mm；花萼长 5 ~ 6mm，裂片矩圆状披针形；花冠黄色，后方三裂片的基部有绵毛；雄蕊 5，花丝有紫色绵毛，前方二雄蕊的花药基部稍下延。蒴果卵状球形，长 7 ~ 8mm，长于宿存花萼，有短喙，上部疏生微腺毛。花期 6 ~ 8 月，果期 7 ~ 9 月。

【分布与生境】生于山坡草地、河岸草地，昭苏县境内均有分布。

【药用部位】全草。

【成分】糖类、醇类、酸类、苷类等物质。

【功能主治】辛、苦，凉。清热解毒，止血散瘀。治肺炎，慢性阑尾炎，疮毒，跌打扭伤，创伤出血。

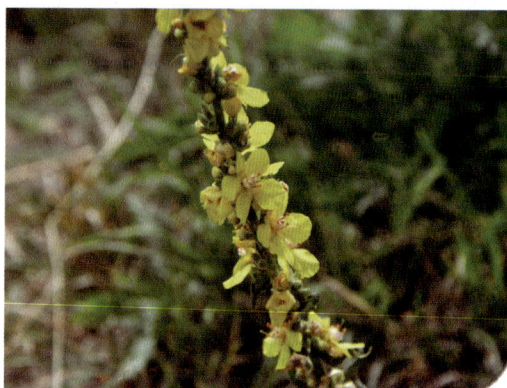

毛蕊花

【药材名】毛蕊花

【来源】玄参科（Scropulariaceae）植物毛蕊花 *Verbascum thapsus* L.

【形态特征】二年生草本，高达1.5米，全株被密而厚的浅灰黄色星状毛。基生叶和下部的茎生叶倒披针状矩圆形，基部渐狭成短柄状，边缘具浅圆齿，上部茎生叶逐渐缩小而渐变为矩圆形至卵状矩圆形，基部下延成狭翅。穗状花序圆柱状，长达30cm，直径达2cm，结果时还可伸长和变粗，花密集，数朵簇生在一起，花梗很短；花萼长约7mm，裂片披针形；花冠黄色，雄蕊5，后方3枚的花丝有毛，前方二枚的花丝无毛，花药基部下延而成"个"字形。蒴果卵形。花期6~8月，果期7~9月。

【分布与生境】生长于山坡草地、河岸草地，昭苏县境内均有分布。

【药用部位】全草。

【成分】糖类、醇类、酸类、苷类等物质。

【功能主治】辛、苦，凉。清热解毒，止血散瘀。治肺炎，慢性阑尾炎，疮毒，跌打扭伤，创伤出血。

砾玄参

【药材名】砾玄参

【来源】玄参科（Scropulariaceae）植物砾玄参 *Scrophularia incisa* Weinm.

【形态特征】半灌木状草本，高 20～50cm，茎近圆形，无毛或上部生微腺毛。叶片狭矩圆形至卵状椭圆形，顶端锐尖至钝，基部楔形至渐狭呈短柄状，边缘变异很大，从有浅齿至浅裂，稀基部有 1～2 枚深裂片，无毛，稀仅脉上有糠粉状微毛。顶生、稀疏而狭的圆锥花序长 1～20cm，聚伞花序有花 1～7 朵，总梗和花梗都生微腺毛；花萼长约 2mm，无毛或仅基部有微腺毛，裂片近圆形，有狭膜质边缘；花冠玫瑰红色至暗紫红色，下唇色较浅，花冠筒球状筒形，长约为花冠之半，上唇裂片顶端圆形，下唇侧裂片长约为上唇一半，雄蕊约与花冠等长，退化雌蕊长矩圆形，顶端圆至略尖；子房长约 1.5 mm，花柱长约为子房的 3 倍。蒴果球状卵形。花期 6～8 月，果期 8～9 月。

【分布与生境】生河滩石砾地、湖边沙地或湿山沟草坡，昭苏县各山区均有分布。

【药用部位】全草。

【成分】生物碱、糖类、甾醇、氨基酸、脂肪酸、挥发油等。

【功能主治】苦，凉。清热，解毒，透疹，通脉。治麻疹不透，水痘，天花，猩红热。

野胡麻

【药材名】多德草

【来源】玄参科（Scropulariaceae）植物野胡麻 *Dodartia orientalis* L.

【形态特征】多年生直立草本，高 15～50cm，无毛。根粗壮，伸长，带肉质，须根少。茎单一或束生，近基部被棕黄色鳞片，茎从基部起至顶端，多回分枝，枝伸直，细瘦，具棱角，扫帚状。叶疏生，茎下部的对生或近对生，上部的常互生，宽条形，全缘或有疏齿。总状花序顶生，伸长，花常 3～7 朵，稀疏；花梗短，花萼近革质，萼齿宽三角形，近相等；花冠紫色或深紫红色，花冠筒长筒状，上唇短而伸直，卵形，端 2 浅裂，下唇褶襞密被多细胞腺毛，侧裂片近圆形，中裂片突出，舌状；雄蕊花药紫色，肾形；子房卵圆形，花柱伸直，无毛。蒴果圆球形，褐色或暗棕褐色，具短尖头；种子卵形，黑色。花果期 5～9 月。

【分布与生境】生于多沙的山坡及田野，昭苏县境内有分布。

【药用部位】根或全草。

【成分】松脂素、金合欢素、木犀草素、苷类、醇类。

【功能主治】苦，凉。清热解毒，散风止痒。治上呼吸道感染，肺炎，气管炎，扁桃体炎，淋巴结炎，尿道感染，神经衰弱。

紫花柳穿鱼

【**药材名**】柳穿鱼

【**来源**】玄参科（Scropulariaceae）植物紫花柳穿鱼 *Linaria bungei* Kuprian.

【**形态特征**】多年生草本，植株高 30～50cm。茎常丛生，有时部分不育，中上部常多分枝，无毛。叶互生，条形，长 2～5cm，宽 1.5～3mm，两面无毛。穗状花序数朵花至多花，果期伸长，花序轴及花梗无毛；花萼无毛或疏生短腺毛，裂片长矩圆形或卵状披针形，花冠紫色，长 12～15mm，上唇裂片卵状三角形，下唇短于上唇，侧裂片长仅 1mm，距长 10～15mm，伸直。蒴果近球状，种子盘状，边缘有宽翅，中央光滑。花果期 5～8 月。

【**分布与生境**】生于低山带、山地草原、河谷、灌丛、针叶林阳坡，昭苏县各山区均有分布。

【**药用部位**】全草。

【**成分**】苷类、酸类物质。

【**功能主治**】甘、微苦，寒。清热解毒，散瘀消肿。治头痛，头晕，黄疸，痔疮便秘，皮肤病，汤火伤。

新疆柳穿鱼

【药材名】柳穿鱼

【来源】玄参科（Scropulariaceae）植物新疆柳穿鱼 *Linaria acutilaba* Fisch. ex Reichb. (Fisch. ex Reichb.) Hong.

【形态特征】多年生草本，植株高 20～80cm，茎叶无毛。茎直立，常在上部分枝。叶全部互生，具 3 条脉。叶通常多数互生，少下部轮生上部互生，条形，常单脉，少 3 脉。总状花序，花期短而花密集，果期伸长而果疏离，花序轴及花梗无毛或有少数短腺毛；苞片条形至狭披针形，超过花梗；花梗长 2～8mm；花萼裂片披针形至卵状披针形，外面无毛，内面多少被腺毛；花冠黄色，上唇长于下唇，裂片长 2mm，卵形，下唇侧裂片卵圆形，中裂片舌状，矩稍弯曲。蒴果卵球状。种子盘状，边缘有宽翅，成熟时中央常有瘤状突起。花果期 6～9 月。

【分布与生境】生于低山带、山地草原、河谷、灌丛、针叶林阳坡，昭苏县各山区均有分布。

【药用部位】全草。

【成分】苷类、酸类物质。

【功能主治】甘、微苦，寒。清热解毒，散瘀消肿。治头痛，头晕，黄疸，痔疮便秘，皮肤病，汤火伤。

全叶兔耳草

【药材名】兔耳草

【来源】玄参科（Scropulariaceae）植物全叶兔耳草 *Lagotis integrifolia*（Willd.）Schischk.

【形态特征】多年生草本，高 10～30cm。根状茎斜走或平卧，肉质，根多数，细长，有少数须根。茎单一，粗状，直立或上部多少弯曲。基生叶 2～4 片，柄扁平，有狭翅；叶片卵状椭圆形、矩圆形至卵状披针形，肉质，顶端钝或有短突尖，基部楔形，全缘或具疏而不明显的波状齿；茎生叶 1～4，无柄或有短柄，与基生叶同形而较小。穗状花序，花稠密或果时伸长，在基部的稍稀疏；苞片宽卵形至矩圆形，较萼稍长，花萼佛焰苞状，薄膜质，后方短 2 裂，裂片三角形，被缘毛，花冠苍白色、浅蓝色或紫色，花冠筒部较唇部长，上唇矩圆形，全缘或具 2～3 短齿，少 2 裂，下唇 2 裂，裂片披针形；雄蕊 2 枚，花丝贴生于上唇基部边缘；花柱伸出于花冠筒或花外，花盘大，果实卵状矩圆形。花果期 6～8 月。

【分布与生境】生于高山草甸、河滩、湖边砂质草地，昭苏县各山区均有分布。

【药用部位】全草。

【成分】含苷类、糖类。

【功能主治】苦，凉。清肺止咳，降压调经。治肺热咳嗽，高血压，月经不调。

穗花婆婆纳

【药材名】婆婆纳

【来源】玄参科（Scropulariaceae）植物穗花婆婆纳 *Veronica spicata* L.

【形态特征】多年生草本，株高 40~90cm。茎单生或数支丛生，直立或上升，不分枝，下部常密生伸直的白色长毛，少混生黏质腺毛，上部至花序各部密生黏质腺毛，茎常灰色或灰绿色。叶对生，椭圆形至披针形，顶端急尖，无柄或有较短的柄；上部的叶小得多，有时互生，全部叶边缘具圆齿或锯齿，少全缘，生黏质腺毛。顶生总状花序，长穗状，花萼长 2.5~3.5mm；花冠紫色或蓝色，裂片稍开展，后方一枚卵状披针形，其余 3 枚披针形；雄蕊略伸出。幼果球状矩圆形，上半部被多细胞长腺毛。花果期 6~8 月。

【分布与生境】生长在石灰质草甸及多砾石的山地上，昭苏县境内均有分布。

【药用部位】全草。

【成分】木犀草素、黄芩素、苷类等物质。

【功能主治】甘、淡，凉。补肾强腰，解毒消肿。主肾虚腰痛，疝气，睾丸肿痛，妇女白带，痈肿。

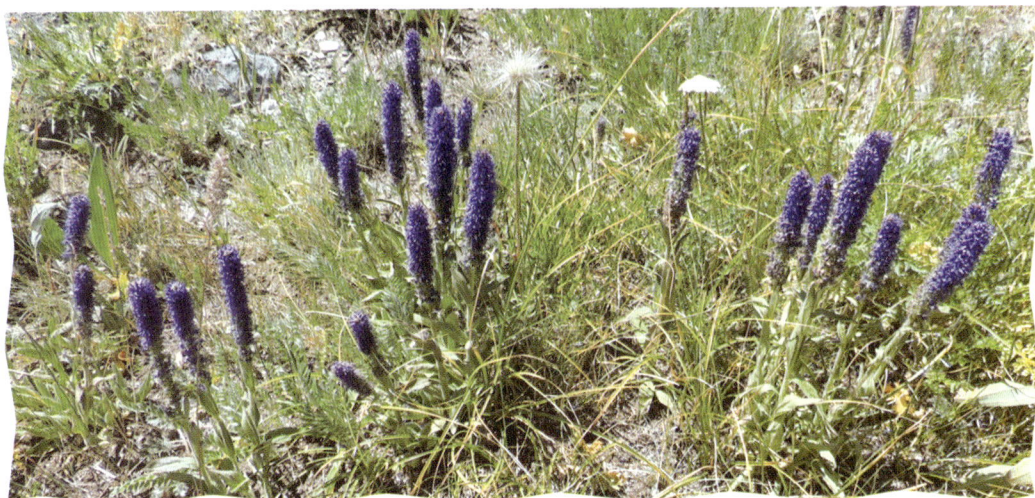

婆婆纳

【药材名】婆婆纳

【来源】玄参科（Scropulariaceae）植物婆婆纳 *Veronica didyma* Tenore.

【形态特征】铺散多分枝草本，多少被长柔毛，高 10 ~ 25cm。叶仅 2 ~ 4 对，具短柄，叶片心形至卵形，每边有 2 ~ 4 个深刻的钝齿，两面被白色长柔毛。总状花序很长；苞片叶状，下部的对生或全部互生；花梗比苞片略短；花萼裂片卵形，顶端急尖，果期稍增大，三出脉，疏被短硬毛；花冠淡紫色、蓝色、粉色或白色，裂片圆形至卵形；雄蕊比花冠短。蒴果近于肾形，密被腺毛。种子背面具横纹。花果期 4 ~ 9 月。

【分布与生境】生于山坡草地或荒地，昭苏县境内均有分布。

【药用部位】全草。

【成分】木犀草素、黄芩素、苷类等物质。

【功能主治】甘、淡，凉。补肾强腰，解毒消肿。主肾虚腰痛，疝气，睾丸肿痛，妇女白带，痈肿。

短腺小米草

【药材名】短腺小米草

【来源】玄参科（Scropulariaceae）植物短腺小米草 *Euphrasia regelii* Wettst.

【形态特征】一年生草本，高 10～45cm。茎直立，分枝或少分枝，被白色柔毛。叶对生，几无柄，下部的近卵形，中部的稍大，卵形至卵圆形，先端钝，基部宽楔形，长 6～15mm，宽 4～14mm，具 3～6 枚锯齿，齿急尖，被刚毛，顶端为头状短腺毛。穗状花序，果期可伸长达 15cm；花萼管状，被毛，长 4～5mm，裂片披针状渐尖，长 3～5mm；花冠白色、淡紫色，唇形，上唇常带紫色斑，2 裂，近于盔状，被毛，下唇 3 裂，先端浅裂，比上唇长，裂片无毛，中裂片宽至 3mm。蒴果，矩圆形，长 4～10mm，宽 2～3mm。花果期 6～9 月。

【分布与生境】生于阴坡草地、灌丛、河边沼泽草甸中，昭苏县境内均有分布。

【药用部位】全草。

【功能主治】苦，凉。清热，除烦，利尿。治热病口渴，头痛，小便不利。

准噶尔马先蒿

【药材名】马先蒿

【来源】玄参科（Scropulariaceae）植物准噶尔马先蒿 *Pedicularis songarica* Schrenk.

【形态特征】多年生草本，根丛生，两端细，中间粗，多少纺锤形而肉质；根茎粗，生有多数棕褐色膜质鳞片。茎基生，多单条，低矮，宽扁如有翅，膜质，黄褐色；叶片披针形，羽状全裂，裂片极多，15～30 对，卵状披针形至线状披针形，紧密排列成篦齿状，缘有羽状浅裂或重锐齿，茎叶少数，似基叶而较小，柄亦较短。花序顶生茎顶，常稠密，苞片发达，狭披针形至线状披针形，有齿至几全缘；萼狭长管状，主脉 5 条，齿 5 枚，三角状狭披针形；花冠黄色，无毛；后者扁圆，中裂仅略小于侧裂，卵形；花丝着生花管基部，两对均无毛；花柱略伸出。蒴果披针状长圆形。花果期 6～9 月。

【分布与生境】生于高山草地、山地草原、河谷、灌丛、针叶林阳坡，昭苏县各山区均有分布。

【药用部位】根。

【成分】松脂素、金合欢素、木犀草素、苷类、醇类。

【功能主治】苦，平。祛风，胜湿，利水。治风湿关节疼痛，小便不利，尿路结石，妇女白带，疥疮。

58 车前科

车 前

【药材名】车前草、车前子

【来源】车前科（Plantaginaceae）植物车前 *Plantago asiatica* L.

【形态特征】多年生草本，连花茎高达50cm，具须根。叶根生，具长柄，几与叶片等长或长于叶片，叶片卵形或椭圆形，先端尖或钝，基部狭窄成长柄，全缘或呈不规则波状浅齿，通常有5~7条弧形脉。花茎数个，具棱角，有疏毛；穗状花序化淡绿色，每花有宿存苞片1枚，三角形；花萼4，基部稍合生，椭圆形或卵圆形，宿存；花冠小，胶质，花冠管卵形，先端4裂，裂片三角形，向外反卷；雄蕊4，着生在花冠筒近基部处，与花冠裂片互生，花药长圆形，2室，先端有三角形突出物，花丝线形；雌蕊1，子房上位，卵圆形，2室，花柱1，线形，有毛。蒴果卵状圆锥形，种子4~8枚或9枚，近椭圆形，黑褐色。花期6~9月。果期7~10月。

【分布与生境】生于草地、沟边、河岸湿地、田边，昭苏县境内均有分布。

【药用部位】全草、种子。

【成分】含琥珀酸、腺嘌呤、车前子酸、车前聚糖、黏液质、胆碱等。

【功能主治】甘，寒。祛痰，镇咳，平喘，清热利尿，明目等，治小便不利，淋浊带下，水肿胀满，暑湿泻痢，目赤障翳，痰热咳喘。

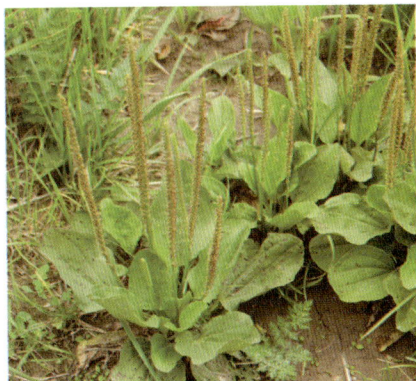

大车前

【**药材名**】车前草、车前子

【**来源**】车前科（Plantaginaceae）植物大车前 *Plantago major* L.

【**形态特征**】多年生草本，须根多数，根茎短稍粗。叶基生呈莲座状，平卧、斜展或直立；叶片纸质，宽卵形至宽椭圆形，先端钝圆至急尖，边缘波状、全缘，基部宽楔形或近圆形，两面疏生短柔毛；叶柄长，基部扩大成鞘，疏生短柔毛。花序3～10个，直立或弓曲上升；花序梗有纵条纹，疏生白色短柔毛；穗状花序细圆柱状，紧密或稀疏；苞片狭卵状三角形或三角状披针形，无毛或先端疏生短毛。花具短梗；花萼先端钝圆或钝尖，前对萼片椭圆形，两侧片稍不对称，后对萼片宽倒卵状椭圆形或宽倒卵形。花冠白色，无毛，裂片狭三角形。雄蕊着生于冠筒内面近基部，与花柱明显外伸，花药卵状椭圆形，顶端具宽三角形突起，白色。蒴果纺锤状卵形、卵球形或圆锥状卵形。种子卵状椭圆形或椭圆形，黑褐色至黑色。花果期4～9月。

【**分布与生境**】生于草甸、河滩、沼泽地、路旁、田边，昭苏县境内均有分布。

【**药用部位**】全草、种子。

【**成分**】琥珀酸、腺嘌呤、车前子酸、车前聚糖、黏液质、胆碱等。

【**功能主治**】甘，寒。祛痰，镇咳，平喘，清热利尿，明目，治小便不利，淋浊带下，水肿胀满，暑湿泻痢，目赤障翳，痰热咳喘。

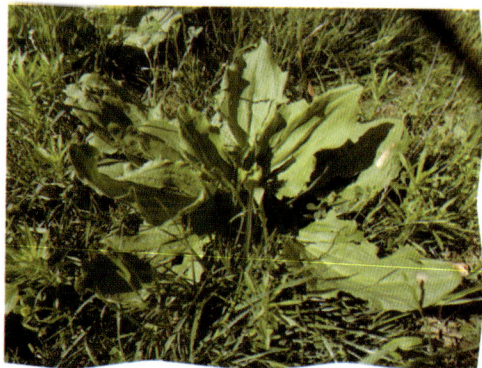

绒毛车前

【药材名】车前草、车前子

【来源】车前科（Plantaginaceae）植物绒毛车前 *Plantago arachnoidea* Schrenk.

【形态特征】多年生草本，高 5 ~ 25cm。直根，根茎短，淡褐色，被有多数叶鞘残迹。叶基生，直立，长披针形，先端渐尖，基部收缩成柄状，幼叶密被绒毛，成年叶有稀疏的蛛网状白绒毛。花葶数个，常直立，长 5 ~ 20cm，被蛛网状白绒毛；穗状花序长 1 ~ 5cm，基部稀疏有间断，上部紧密；苞片卵状披针形，先端钝圆，边缘膜质；花萼 4 深裂，裂片椭圆形，边缘膜质；花冠筒状，裂片卵形或卵状披针形，先端锐尖；雄蕊 4 枚，伸出花冠筒外。蒴果圆锥形，种子 1 ~ 2 枚。花果期 6 ~ 9 月。

【分布与生境】生于温湿的草地、路边、河边、山坡草地，昭苏县境内均有分布。

【药用部位】全草、种子。

【成分】琥珀酸、腺嘌呤、车前子酸、车前聚糖、黏液质、胆碱等。

【功能主治】甘，寒。祛痰，镇咳，平喘，清热利尿，明目，治小便不利，淋浊带下，水肿胀满，暑湿泻痢，目赤障翳，痰热咳喘。

盐生车前

【药材名】车前草、车前子

【来源】车前科（Plantaginaceae）植物盐生车前 *Plantago maritima* var. *salsa*（Pall.）Pilg.

【形态特征】多年生草本。直根粗长。根茎粗，常有分枝，顶端具叶鞘残基及枯叶。叶簇生呈莲座状，平卧、斜展或直立，稍肉质，线形，先端长渐尖，边缘全缘，脉 3～5 条，无明显的叶柄，基部扩大成三角形的叶鞘，无毛或疏生短糙毛。花序 1 至多个；花序梗直立或弓曲上升，贴生白色短糙毛。穗状花序圆柱状，紧密或下部间断，穗轴密生短糙毛；苞片三角状卵形或披针状卵形，先端短渐尖，边缘有短缘毛。萼片边缘、顶端及龙骨突脊上有粗短毛，前对萼片狭椭圆形，稍不对称，后对萼片宽椭圆形。花冠淡黄色，冠筒与萼片等长，外面散生短毛，裂片宽卵形至长圆状卵形，边缘疏生短缘毛。雄蕊与花柱明显外伸，花药椭圆形，先端具三角状小突起。蒴果圆锥状卵形。种子椭圆形或长卵形，黄褐色至黑褐色。花果期 6～9 月。

【分布与生境】生于盐碱地、河漫滩、盐化草甸，昭苏县境内均有分布。

【药用部位】全草、种子。

【成分】琥珀酸、腺嘌呤、车前子酸、车前聚糖、黏液质、胆碱等。

【功能主治】甘，寒。祛痰，镇咳，平喘，清热利尿，明目，治小便不利，淋浊带下，水肿胀满，暑湿泻痢，目赤障翳，痰热咳喘。

披针叶车前

【药材名】车前草、车前子

【来源】车前科（Plantaginaceae）植物披针叶车前 *Plantago lanceolata* L.

【形态特征】多年生草本，高 15~50cm。主根圆柱形，上部带分枝。叶成丛基生，披针形或长椭圆状披针形，先端渐尖，基部楔形，全缘或疏生锯齿，密被柔毛或无毛。花萼数个，花密生；苞片卵形，先端尖，边缘膜质，无毛；萼片 4，边缘有膜质；花冠筒状，膜质，先端 4 裂，角状，外展或斜上，裂片三角状卵形，长约 2mm，有一星状突起；雄蕊 4，花丝长达 6mm，远超出花冠。蒴果卵形，盖裂，下部通常有宿存萼，先端具宿存花柱。种子 1~2 枚，椭圆形或长卵形。花期 6~9 月。

【分布与生境】生于温湿的草地、路边、河边、山坡草地、昭苏县境内均有分布。

【药用部位】全草、种子。

【成分】琥珀酸、腺嘌呤、车前子酸、车前聚糖、黏液质、胆碱等。

【功能主治】甘，寒。祛痰，镇咳，平喘，清热利尿，明目，治小便不利，淋浊带下，水肿胀满，暑湿泻痢，目赤障翳，痰热咳喘。

59　茜草科

北方拉拉藤

【药材名】北方拉拉藤

【来源】茜草科（Rubiaceae）植物北方拉拉藤 *Galium boreale* L.

【形态特征】多年生直立草本，高 20～65cm；茎有 4 棱角，无毛或有极短的毛。叶纸质或薄革质，4 片轮生，狭披针形或线状披针形，顶端钝或稍尖，基部楔形或近圆形，边缘常稍反卷，两面无毛，边缘有微毛；基出脉 3 条，在下面常凸起，在上面常凹陷；无柄或具极短的柄。聚伞花序顶生和生于上部叶腋，常在枝顶结成圆锥花序式，密花，花小，花梗长 0.5～1.5mm，花萼被毛，花冠白色或淡黄色，辐状，花冠裂片卵状披针形，花丝长约 1.4mm，花柱 2 裂至近基部。果小，果单生或双生，密被白色稍弯的糙硬毛。花果期 5～9 月。

【分布与生境】生于山地、河滩、沟边、草地，昭苏县境内均有分布。

【药用部位】全草。

【成分】含苷类化合物。

【功能主治】苦，寒。止咳祛痰，祛湿止痛。治湿热内蕴之风湿疼痛、癌症。

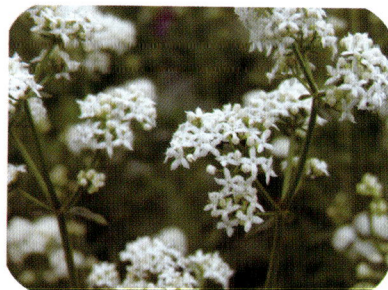

篷子菜

【药材名】篷子菜

【来源】茜草科（Rubiaceae）植物篷子菜 *Galium verum* L.

【形态特征】多年生近直立草本，基部稍木质，高 25~45cm，茎有 4 棱角，被短柔毛。叶纸质，6~10 片轮生，线形，顶端短尖，边缘极反卷，常卷成管状，上面无毛，稍有光泽，下面有短柔毛，稍苍白，1 脉，无柄。聚伞花序顶生和腋生，较大，多花，通常在枝顶结成带叶的圆锥花序状；总花梗密被短柔毛；花小，稠密；花梗有疏短柔毛或无毛；萼管无毛；花冠黄色，辐状，无毛，花冠裂片卵形或长圆形，顶端稍钝；花药黄色，花丝长约 0.6mm；花柱长约 0.7mm，顶部 2 裂。果小，果双生，近球状，无毛。花果期 6~9 月。

【分布与生境】生于山地、河滩、沟边、草地，昭苏县境内均有分布。

【药用部位】全草。

【成分】含三羟猪殃殃苷、鞣质、柠檬酸。

【功能主治】辛，寒。活血祛瘀，解毒消肿，利尿止痒。治急性荨麻疹，静脉炎，跌打损伤，痈疖疔疮。

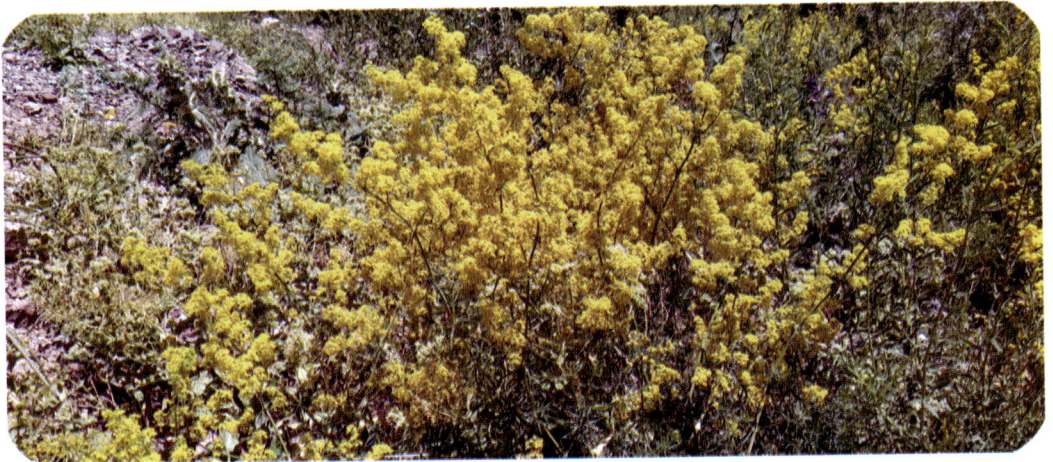

60　忍冬科

沼生忍冬

【药材名】山银花

【来源】忍冬科（Caprifoliaceae）植物沼生忍冬 *Lonicera alberti* Rgl.

【形态特征】落叶矮灌木，高 1~2 米；小枝纤细，外倾或平卧。叶长可达 3cm，宽 1cm，粉绿色或蓝绿色。花冠淡蔷薇红色，长约 1.6cm；雄蕊长与花冠几相等，花药明显比花丝短。浆果球形或卵圆形，萼宿存，黄绿色，半透明，多汁微甜涩，花期 6 月，果熟期 8 月。

【分布与生境】生于沼泽、灌丛中，昭苏县沿特克斯河的次生林里有分布。

【药用部位】花蕾。

【功能主治】甘，寒。清热解毒。治外感风热、温病、疮痈疔肿、血痢。

刚毛忍冬

【药材名】山银花

【来源】忍冬科（Caprifoliaceae）植物刚毛忍冬 *Lonicera hispida* Pall. ex Roem. et Schult.

【形态特征】落叶灌木，高达 2~3 米；幼枝常带紫红色，连同叶柄和总花梗均具刚毛或兼具微糙毛和腺毛，很少无毛，老枝灰色或灰褐色。冬芽有 1 对具纵槽的外鳞片，外面有微糙毛或无毛。叶厚纸质，形状、大小和毛被变化很大，椭圆形、卵状椭圆形、卵状矩圆形至矩圆形，有时条状矩圆形，顶端尖或稍钝，基部有时微心形，近无毛或下面脉上有少数刚伏毛或两面均有疏或密的刚伏毛和短糙毛，边缘有刚睫毛。总花梗长，苞片宽卵形，有时带紫红色，毛被与叶片同；相邻两萼筒分离，常具刚毛和腺毛，稀无毛；萼檐波状；花冠白色或淡黄色，漏斗状，近整齐，外面有短糙毛或刚毛或几无毛，有时夹有腺毛，筒基部具囊，裂片直立，短于筒；雄蕊与花冠等长；花柱伸出，下半部有糙毛。果实先黄色后变红色，卵圆形至长圆筒形，种子淡褐色，矩圆形，稍扁。花期 5~6 月，果熟期 7~9 月。

【分布与生境】生于山坡林中、林缘灌丛或高山草地上，昭苏县各山区均有分布。

【药用部位】花蕾。

【成分】皂苷、黄酮、环烯醚萜苷、木脂素。

【功能主治】甘，寒。清热解毒。治外感风热、温病、疮痈疖肿、血痢。

61　败酱科

中败酱

【药材名】墓头回

【来源】败酱科（Valerianaceae）植物中败酱 *Patrinia intermedia*（Horn.）Roem. et schult.

【形态特征】多年生草本，高 10～40cm，根状茎粗厚。基生叶丛生，花长圆形至椭圆形，1～2 回羽状全裂，裂片近圆形，线形至线状披针形，下部叶裂片具钝齿，上部叶的裂片全缘，两面被微糙毛或几无毛，具长柄或无柄。由聚伞花序组成顶生圆锥花序或伞房花序，常具 5～6 级分枝，被微糙毛；总苞叶与茎生叶同形或较小，几无柄，上部分枝处总苞叶明显变小，羽状条裂或不分裂；小苞片卵状长圆形；萼齿不明显，花冠黄色，钟形，冠筒裂片椭圆形、长圆形或卵形，雄蕊 4，花丝不等长，下部有毛，另 2 枚长 2.5～2.7mm，无毛，花药长圆形，花柱长 2.5mm，柱头头状或盾状。瘦果长圆形，果苞卵形、卵状长圆形或椭圆状长圆形。花果期 6～9 月。

【分布与生境】生长于林缘、山坡草地、灌丛中，昭苏县各山区均有分布。

【药用部位】根。

【成分】含挥发油、败酱皂苷、生物碱。

【功能主治】苦，凉。行气解郁，活血止带。治妇女痛经，赤白带。

缬 草

【药材名】缬草

【来源】败酱科（Valerianaceae）植物缬草 *Valeriana officinalis* L.

【形态特征】多年生草本；根茎肥厚，肉质。茎基部伏地，高 30～120cm，钝四棱形，具细条纹，绿色或带紫色，自基部多分枝。叶坚纸质，披针形至线状披针形，顶端钝，基部圆形，全缘，上面暗绿色，下面色较淡，无毛或沿中脉疏被微柔毛，密被下陷的腺点，侧脉 4 对，于中脉上面下陷，下面凸出；叶柄短，腹凹背凸，被微柔毛。花序在茎及枝上顶生，总状，常再于茎顶聚成圆锥花序；花梗与序轴均被微柔毛；苞片下部者似叶，上部者远较小，卵圆状披针形至披针形。花萼外面密被微柔毛，萼缘被疏柔毛。花冠紫、紫红至蓝色，外面密被具腺短柔毛，内面在囊状膨大处被短柔毛；冠筒近基部明显屈曲，冠檐 2唇形，上唇盔状，先端微缺，下唇中裂片三角状卵圆形，两侧裂片向上唇靠合。雄蕊 4，花丝扁平，花柱细长，先端锐尖，微裂。花盘环状。子房褐色，无毛。小坚果卵球形，黑褐色，具瘤。花期 6～7 月，果期 8～9 月。

【分布与生境】生山坡草地、林下、沟边，昭苏县各山区均有分布。

【药用部位】根。

【成分】含挥发油、败酱皂苷、生物碱。

【功能主治】辛、苦，温。祛风止痛，镇静。治心神不安，心悸失眠，癫狂，脏躁，风湿痹痛，痛经，经闭，跌打损伤。

62　桔梗科

新疆党参

【药材名】党参

【来源】为桔梗科（Campanulaceae）植物新疆党参 *Condonopsis clematidea*（Schrenk.）Clarke.

【形态特征】多年生草本，高达 1 米，有白色乳汁，具强烈气味。根长纺锤形，白色，顶端多横纹。茎直立或斜向上，较细，淡绿色，稍有稀毛或光滑。叶在基部对生，上部互生，具短柄；叶片卵形、卵状长圆形或中宽披针形，顶端急尖，基部圆形或浅心形，全缘，两面均有白色柔毛。花单生在茎顶端；花萼 5 裂，裂片披针形或长椭圆形，光滑或具睫毛，花冠钟状，淡白色或淡蓝色，具暗蓝色脉，先端 5 裂，裂片长圆状披针形；雄蕊 5 个，基部联合，花药长圆形；花柱短，柱头 3 裂。蒴果卵形，成熟时瓣裂。花期 6～7 月，果期 8 月。

【分布与生境】多生于山坡、山沟及云杉林下，昭苏县山区均有大量分布。

【药用部位】根。

【成分】含苷类、糖类和微量的生物碱。

【功能主治】甘，平。补脾胃、益气血，生津止渴。治脾胃虚弱，贫血，阳痿遗精，神经衰弱，自汗盗汗。

聚花风铃草

【药材名】风铃草

【来源】桔梗科（Campanulaceae）植物聚花风铃草 *Campanula glomerata* L.

【形态特征】多年生草本。茎直立，高大。下部茎生叶具长柄，长卵形至心状卵形；上部的无柄，椭圆形、长卵形至卵状披针形，叶缘有尖锯齿。花数朵集成头状花序，生于茎中上部叶腋间，无总梗；在茎顶端多个头状花序集成复头状花序，越向茎顶，叶越来越短而宽，最后成为卵圆状三角形的总苞状，每朵花下有一枚大小不等的苞片，在头状花序中间的花先开，其苞片也最小。花萼裂片钻形；花冠紫色、蓝紫色或蓝色，管状钟形，分裂至中部。蒴果倒卵状圆锥形。种子长矩圆状，扁。花期 6~7 月，果期 8~9 月。

【分布与生境】生于山地林中、草甸及灌丛中，昭苏县各山区均有分布。

【药用部位】全草。

【成分】三萜皂苷、淀粉。

【功能主治】苦，凉。清热解毒，止痛。治咽喉炎，头痛。

新疆沙参

【药材名】沙参

【来源】桔梗科（Campanulaceae）植物新疆沙参 *Adenophora liliifolia* (L.) Bess.

【形态特征】多年生草本，有白色乳汁。根粗，茎高50~80cm，无毛，单生或分枝。茎生叶披针形至卵形，通常茎下部的叶基部渐狭延成短柄，上部的无柄，边缘具粗齿，无毛或仅边缘及脉上有细柔毛。花序有分枝而成圆锥花序，或仅数朵花集成假总状花序。花梗常细长，长达2.5cm；花萼完全无毛，筒部倒卵状或倒锥状，裂片狭三角状钻形，常有小齿，有时全缘；花冠钟状，蓝色或淡蓝色，裂片卵状急尖；花盘短筒状，无毛；花柱明显伸出花冠。花果期6~8月。

【分布与生境】生于山地林中及灌丛中，昭苏县山区均有大量分布。

【药用部位】根。

【成分】三萜皂苷、淀粉。

【功能主治】甘、微苦，寒。润肺止咳，养胃生津。主治阴虚久咳，痨嗽痰血，燥咳痰少，虚热喉痹，津伤口渴。

63 菊 科

毛果一枝黄花

【药材名】毛果一枝黄花

【来源】 菊科（Compositae）植物毛果一枝黄花 *Solidago virgaurea* L.

【形态特征】 多年生草本，高 15～100cm。根状茎平卧或斜升。茎直立，不分枝或上部有花序分枝，上部被稀疏的短柔毛，中下部无毛。中部茎叶椭圆形、长椭圆形或披针形，茎下部叶与中部茎叶同形，少有卵形的；自中部向上叶渐变小。全部叶两面无毛或沿叶脉有稀疏的短柔毛，头状花序多数在茎上部的分枝上排成紧密或疏松的长圆锥状花序。头状花序较大，总苞钟状；总苞片 4～6 层，披针形或长披针形，边缘狭膜质，先端长渐尖或急尖。边缘舌状花黄色，7～13 个。两性花多数。瘦果有纵棱，全部被稀疏短柔毛，冠毛白色。花果期 6～9 月。

【分布与生境】 生林下林缘和灌丛中，昭苏县山区均有分布。

【药用部位】 全草。

【成分】 含槲皮素、异槲皮素、芦丁、咖啡酸、绿原酸、皂苷等。

【功能主治】 苦、辛，凉。疏风，清热解毒，消肿止痛。治风寒感冒，扁桃体炎，咽炎，毒蛇咬伤，手指疗疮，肾炎。

火绒草

【药材名】老头草

【来源】菊科（Compositae）植物火绒草 *Leontopodium leontopodioides*（Willd.）Beauv.

【形态特征】多年生草本，高 10～40cm。根状茎粗壮，为枯叶鞘所包裹，有多数花茎和根出条。茎细，直立或稍弯曲，不分枝，被灰白色长柔毛或白色近绢状毛，下部叶较密，早枯，宿存，中上部叶较疏，多直立，条形或披针形，先端尖或稍尖，有小尖头，基部稍窄，无柄无鞘，边缘有时反卷或为波状，上面被柔毛而为灰绿色，下面密被白色或灰白色厚绵毛。苞叶少数，长圆形或条形，与花序等长或长出 1.5～2 倍，两面或仅在下面被白色或灰白色厚绵毛，在雄株多少展开成苞叶群，而雌株则直立或散生，成苞叶群；头状花序径 7～10mm，3～7 个密集，少为 1 个或更多，或有较长的花序梗而成伞房状；总苞半球形，被白色绵毛，总苞片约 4 层，披针形，无色或褐色；小花雌雄异株，少同株，雄花花冠长约 3.5mm，雌花花冠丝状，长 4.5～5mm。瘦果长圆形，有乳头状突起或微毛，不育子房无毛；冠毛白色。花果期 6～9 月。

【分布与生境】生于湿润或干燥草地、沙地、石砾地，昭苏县山区均有分布。

【成分】苷类、醇类、酸类。

【功能主治】微苦，寒。清热凉血，益肾利水，治急慢性肾炎，尿血，蛋白尿，肾炎水肿。

天山蜡菊

【药材名】蜡菊

【来源】菊科（Compositae）植物天山蜡菊 *Helichrysum thianschanicum* Rgl.

【形态特征】多年生草本，根状茎粗厚，木质，不育茎少数，与多数花茎密集簇生。花茎直立，坚硬，高 30~60cm，被灰白色密棉毛。不育茎或花茎下部叶匙状线形或倒披针状线形，顶端钝，两面被绵毛，下部渐狭成窄翅，中脉在下面凸起；中部叶线形，基部半抱茎，边缘平或稍反卷，顶端渐尖；上部叶直立。头状花序倒圆锥形或钟形，十余个或数十个在茎或枝端排列成复伞房花序；花序梗被绵毛。总苞片约 40 个，6~7 层，黄色，疏松覆瓦状排列，多少开展，外层披针形，较内层短 3~4 倍，顶端钝或稍尖，背面有蛛丝状毛，内层椭圆状匙形或线形，顶端钝或圆形，上部和边缘干膜质。小花约 40 个，花冠长 4~5mm；雄花花冠管状，上部狭钟状，有 5 个三角形裂片，雌花花冠细管状，冠毛白色。瘦果狭长圆形，有乳头状突起。花果期 6~9 月。

【分布与生境】生长于砾石土、沙地、干燥山坡及沿河草地上，昭苏县沿特克斯河的河滩草地里有分布。

【药用部位】全草、花。

【成分】黄酮。

【功能主治】甘、苦，微寒。具有利尿，保肝，抗病毒，抗氧化等功效。治疗胆结石，胆囊炎。

土木香

【药材名】土木香

【来源】菊科（Compositae）植物土木香 *Inula helenium* L.

【形态特征】多年生草本，根茎块状，有分枝。茎直立，粗壮，不分枝或上部有分枝，被开展的长毛。茎基部叶较疏，基部渐狭成具翅和长达20cm的柄，叶片椭圆状披针形至披针形，先端尖，边缘具不规则的齿或重齿，上面被基部疣状的糙毛，下面被黄绿色密茸毛，叶脉在下面稍隆起，网脉明显；中部叶卵圆状披针形或长圆形，较小，基部心形，半抱茎；上部叶披针形，小。头状花序少数，排列成伞房状或总状花序；花序梗从极短到长达12cm，为多数苞叶围裹；总苞5~6层，外层草质，宽卵圆形，先端钝，常反折，被茸毛；内层长圆形，先端扩大成卵圆三角形，干膜质，背面具疏毛，有缘毛，较外层长达3倍，最内层线形，先端稍扩大或狭尖；舌状花黄色，舌片线形，舌片顶端有3~4个不规则齿裂；筒状花有披针形裂片。瘦果四或五面形，冠毛污白色。花期6~9月。

【分布与生境】生于山沟、河谷以及田埂边。昭苏县山区草地有分布。

【药用部位】根。

【成分】内酯类化合物、菊糖、黄酮、甾醇类、氨基酸类等。

【功能主治】辛、苦，温。健脾和胃，调气解郁，止痛安胎。用于胸胁、脘腹胀痛，呕吐泻痢，胸胁挫伤，岔气作痛，胎动不安。

欧亚旋覆花

【药材名】旋覆花

【来源】菊科（Compositae）植物欧亚旋覆花 *Inula britannica* L.

【形态特征】多年生草本。根状茎短，具多数须根。茎直立，单生，被伏柔毛，上部分枝。叶长圆形或长圆状披针形或广披针形，茎下部叶较小；茎中上部叶，基部宽大，截形或近心形，有耳，半抱茎，先端渐尖或锐尖，边缘平展，全缘或边缘疏具不明显小齿，表面疏被微毛，背面被长柔毛，密生腺点。头状花序生于茎顶枝端；苞叶线形或长圆状线形；花序梗细，密被短毛或近无毛；总苞半球形，总苞片 4～5 层，边缘具纤毛，外层线状披针形，长渐尖，下部干膜质，上部草质，反折，内层干膜质，渐尖；边花 1 层，雌性，舌状，先端 3 齿，黄色，有时疏具腺点，中央花两性，管状，先端 5 齿裂。瘦果圆柱形，冠毛糙毛状，花果期 6～9 月。

【分布与生境】生于山沟旁湿地、湿草甸子、河滩、路旁，昭苏县河滩草地里有分布。

【药用部位】花序。

【成分】大花旋覆花素、旋覆花素、槲皮素、异槲皮素等。

【功能主治】咸，温，有小毒。消痰，下气，软坚，行水。治胸中痰结，胁下胀满，咳喘，呃逆，唾如胶漆，心下痞鞭，噫气不除，大腹水肿。

狼把草

【**药材名**】狼把草

【**来源**】菊科（Compositae）植物狼把草 *Bidens tripartita* L.

【**形态特征**】一年生草本，高 30～80cm。茎直立，稍四棱状或圆柱形。下部叶不裂，早枯；中部叶最大，羽状全裂，裂片 1 对，条状披针形，边缘有直或内弯的疏锯齿，顶端裂片大，披针形或窄卵形，叶片之侧裂片披针形或窄披针形，上部叶较小，3 深裂或不裂，叶与裂片均为披针形或窄被针形。头状花序单生，黄色；总苞盘形，总苞片 2 层，外层叶质，条形或披针形，内层长椭圆形或卵状披针形，无舌状花，筒状花顶端 4 裂。瘦果扁，倒卵状楔形，边缘有倒刺毛，顶端芒刺 2，两侧有倒刺毛。花果期 6～9 月。

【**分布与生境**】生长在低山带、平原沼泽、渠边，昭苏县沿特克斯河的河滩草地里有分布。

【**药用部位**】全草。

【**成分**】挥发油、鞣质、黄酮、纤维素等。

【**功能主治**】苦，平。清热解毒，养阴润肺。治气管炎，肺结核，咽喉炎，扁桃体炎，痢疾，丹毒，癣疮。

千叶蓍

【药材名】洋蓍草

【来源】菊科（Compositae）植物千叶蓍 *Achillea millefolium* L.

【形态特征】多年生草本。茎单一，高 35～50cm，被白柔毛。根出叶有短柄，茎生叶无柄，互生，长圆形至长圆状线形，2～3 回羽状分裂，裂片细小，先端尖。头状花序排列呈伞房状，总苞倒卵形，总苞片长圆形，干膜质，多列；各头状花的周缘有 5 个具舌状花冠的边花，花冠粉红色或稀为白色，椭圆形至卵圆形，先端三浅裂，长宽均 3mm 左右；中央筒状花，两性，先端 5 裂，子房下位，花托具托片。瘦果扁形，边缘有翼。花期 6～9 月。

【分布与生境】生于山地林中、草甸、湿草地，昭苏县山区均有分布。

【药用部位】全草。

【成分】挥发油、酸类、醇类等物质。

【功能主治】辛、微苦，凉。祛风，活血，止痛，解毒。治风湿痹痛，跌打损伤，血瘀痛经，痈肿疮毒，痔疮出血。

母　菊

【药材名】母菊

【来源】菊科（Compositae）植物母菊 *Matricaria recutita* L.

【形态特征】一年生草本，全株无毛。茎高 30～40cm，有沟纹，上部多分枝。下部叶矩圆形或倒披针形，二回羽状全裂，无柄，基部稍扩大，裂片条形，顶端具短尖头。上部叶卵形或长卵形。头状花序异型，在茎枝顶端排成伞房状，花序梗长 3～6cm；总苞片 2 层，苍绿色，顶端钝，边缘白色宽膜质，全缘；花托长圆锥状，中空。舌状花 1 列，舌片白色，反折，管状花多数，花冠黄色，中部以上扩大，冠檐 5 裂。瘦果小，淡绿褐色。花果期 6～9 月。

【分布与生境】生于山地林中、草甸、湿草地，昭苏县山区均有分布。

【药用部位】全草。

【成分】挥发油、黄酮、胆碱、糖类等。

【功能主治】辛、微苦，凉。有抗炎、抗菌、助消化、解痉、镇静等功用。治感冒发热，咽喉肿痛，肺热咳喘，热痹肿痛，疮肿。

岩 蒿

【药材名】一枝蒿

【来源】菊科（Compositae）植物岩蒿 *Artemisia rupestris* L.

【形态特征】多年生草本，高 20~50cm。根状茎木质，常横卧或斜向上，茎直立或斜升，红褐色或红紫色，基部稍木质化，不分枝或上部有小的分枝，上部密生灰白色短柔毛。茎下部叶与营养枝叶长圆形或卵状椭圆形，二回羽状全裂，上部裂片再次羽状全裂或 3 全裂，小裂片短小，披针形，半抱茎；上部叶与苞叶羽状分裂或 3 全裂；全部叶薄纸质。头状花序半球形或近球形，具短梗或近无梗，下垂或斜展，基部有羽状分裂的小苞片，在茎上排列成穗状或近于总状；总苞片 3~4 层，外层和中层总苞片长卵形或卵状椭圆形，背面被短柔毛，内层总苞片椭圆形，背面无毛；花序托半球形，具灰白色托毛；雌花 1 层，8~16 朵，花冠狭圆锥状，黄色，檐部具 3~4 裂齿；中央两性花 5~6 层，30~70 朵，筒状，黄色，檐部 5 齿裂。瘦果长圆形。花果期 6~9 月。

【分布与生境】生长于草原、草甸、河谷地带、低山带平原，昭苏县沿特克斯河的河滩草地里有分布。

【药用部位】全草。

【成分】生物碱，黄酮苷，挥发油。

【功能主治】辛，微温。清热解毒，消食健胃，镇静镇吐，杀虫，解蛇毒。治胃痛，胃胀，痛经。外用治痔疮出血，无名肿毒，跌打损伤，毒蛇咬伤，荨麻疹，神经性皮炎。

龙　蒿

【药材名】椒蒿

【来源】菊科（Compositae）植物龙蒿 *Artemisia dracunculus* L.

【形态特征】：半灌木状草本。根状茎粗，木质，直立或斜上长。茎多数，成丛，高40～150cm，褐色或绿色，有纵棱，下部木质，分枝多。叶无柄，初时两面微有短柔毛，后两面无毛或近无毛，叶线状披针形或线形，先端渐尖，基部渐狭，全缘；上部叶与苞片叶略短小。头状花序多数，近球形、卵球形或近半球形，具短梗或近无梗，斜展或略下垂，基部有线形小苞叶，在茎的分枝上排成复总状花序，并在茎上组成开展或略狭窄的圆锥花序；总苞片3层，外层总苞片略狭小，卵形，背面绿色，无毛，中、内层总苞片卵圆形或长卵形，边缘宽膜质或全为膜质花序，托小，凸起；雌花6～10朵，花冠狭管状或稍呈狭圆锥状，檐部具2裂齿，花柱伸出花冠外，先端2叉，叉端尖；两性花8～14朵，不孕育，花冠管状，花药线形，先端附属物尖，长三角形，基部圆钝，花柱短，上端棒状，2裂，不叉开，退化子房小。瘦果倒卵形或椭圆状倒卵形。花果期6～9月。

【分布与生境】生于山野路旁、沟边、荒地、林边，昭苏县山区均有分布。

【药用部位】全草。

【成分】糖类、内酯、香豆素、苷类、有机酸类、酚类、甾体及三萜类等。

【功能主治】辛、微苦，温。祛风散寒，宣肺止咳。治风寒感冒，咳嗽气喘。

款冬花

【药材名】款冬花

【来源】菊科（Compositae）植物款冬 *Tussilago farfara* L.

【形态特征】多年生草本，高 10～20cm。基生叶广心脏形或卵形、先端钝、边缘呈波状疏锯齿，锯齿先端往往带红色。基部心形成圆形，质较厚，上面平滑，暗绿色，下面密生白色毛；掌状网脉，主脉 5～9 条；叶柄长 8～20cm，半圆形；近基部的叶脉和叶柄带红色，并有毛茸。小叶 10 余片，互生，叶片长椭圆形至三角形。花茎具毛茸，头状花序顶生；总苞片 1～2 层，苞片 20～30，质薄，呈椭圆形，具毛茸；舌状花在周围一轮，鲜黄色、单性，花冠先端凹，雌蕊 1，子房下位，花柱长，柱头 2 裂；筒状花两性，先端 5 裂，裂片披针状，雄蕊 5，花药连合，雌蕊 1，花柱细长，柱头球状。瘦果长椭圆形，具纵棱，冠毛淡黄色。花果期 3～4 月。

【分布与生境】生于山沟水边湿地，昭苏县山区均有分布。

【药用部位】花蕾。

【成分】款冬二醇、芸香苷、金丝桃苷、蒲公英黄色素、鞣质及黏液质等。

【功能主治】辛、苦，温。润肺下气，化痰止咳。治新久咳嗽，气喘，咳逆喘息，喉痹。

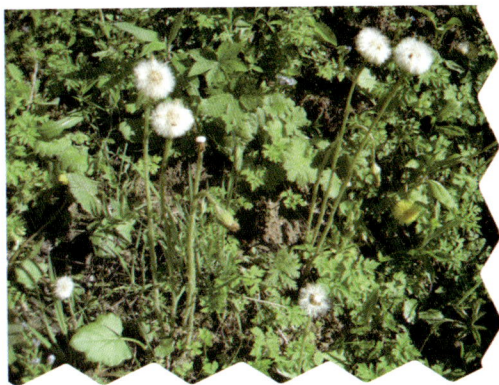

林阴千里光

【药材名】千里光

【来源】菊科（Compositae）植物林阴千里光 *Senecio nemorensis* L.

【形态特征】多年生草本，高50~150cm。根状茎短，匍匐。茎直立，有棱槽，通常为淡红色，上部稍分枝，近无毛。基生叶和下部茎叶在花期凋落；叶中部较大，卵状披针形或披针形，基部渐狭，有短柄，先端尖，边缘有细锯齿，两边有疏毛或近无毛；上部叶小，线状披针形至线形，无柄。头状花序多数，排列成复伞房状；花序梗无毛或稍有白色柔毛；总苞近短圆柱状，总苞片近无毛或稍有毛，披针形，顶端淡褐色，有缘毛；外面的4~5个，线形；舌状花8~13个，舌片线形，黄色；管状花多数。瘦果圆柱形，冠毛白色。花期6~7月，果期8~9月。

【分布与生境】生于林间空地、林缘、草甸、河谷山坡，昭苏县山区均有分布。

【药用部位】全草。

【成分】含生物碱、洋蓟素、绿原酸等。

【功能主治】苦、辛，寒。清热解毒。治热痢，眼肿，痈疖疔毒。

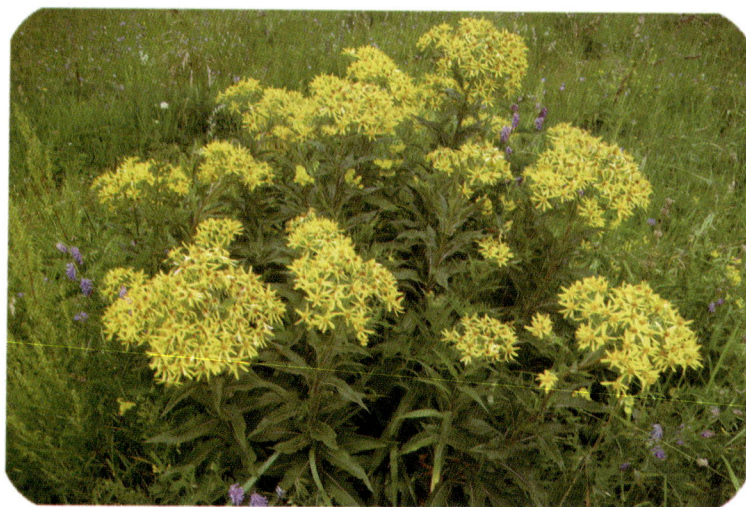

山地橐吾

【药材名】山地橐吾

【来源】菊科（Compositae）植物山地橐吾 *Ligularia narynensis*（Winkl.）O. et B. Fedtsch.

【形态特征】多年生草本。根细，肉质。茎直立，高 7～60cm，被白毛丛卷毛及密的褐色绵毛。丛生叶与茎下部叶具柄，被白色丛卷毛，基部鞘状，叶片卵状心形、圆心形、三角状心形或长圆状心形，先端钝或急尖，边缘具波状齿或尖锯齿，基部心形，上面光滑，绿色，下面被白色丛卷毛，灰白色，叶脉羽状；茎中上部叶狭卵形至狭披针形，无柄或有短柄，无鞘；最上部叶线状披针形，叶腋常有不发育的头状花序。头状花序 1～8，辐射状，常排列成伞房状花序，稀单生；苞片及小苞片线状披针形，总苞半球形或杯状，总苞片 10～13，披针形、长圆形或宽椭圆形，先端急尖或渐尖，黑褐色，背部光滑，内层具白色膜质边缘。舌状花 9～12，黄色，舌片长圆形或宽椭圆形，先端急尖或平截，管状花多数，高于总苞，冠毛白色与花冠等长。瘦果黄白色或紫褐色，圆柱形，光滑，具肋。花果期 6～9 月。

【分布与生境】生于高山草甸、河谷水边、沼泽湿地、阴坡草地及林缘，昭苏县山区均有分布。

【药用部位】根及根茎。

【成分】含挥发油。

【功能主治】苦、辛，温。宣肺利气、化痰止咳、活血止痛。治风寒感冒，咳嗽痰多，肺痈咳吐脓血，慢性咳喘，跌打损伤，腰腿痛。

大叶橐吾

【药材名】大叶橐吾

【来源】菊科（Compositae）植物大叶橐吾 *Ligularia macrophylla*（Ledeb）DC.

【形态特征】多年生草本，高 50～170cm，无毛。须根多数，肉质，茎直立，基部被枯叶所成纤维。基生叶具柄，下部成鞘状，抱茎，多呈紫褐色，上半部有翅，叶片长圆状或卵状长圆形，边缘浅波状齿或锐齿，基部圆，下延于叶柄成翅状，叶脉羽状；茎生叶无柄，叶片卵状长圆形，向上渐小成披针形。头状花序组成圆锥状，总轴粗，着生许多总状排列的头状花序，花序轴到花序梗有柔毛；总苞窄筒状或窄陀螺状，总苞片 4～5 枚，倒卵形或长圆形，有的背面被柔毛，排列成 2 层，内层有白色膜质边缘；边缘的舌状花 1～3cm，雌性能育，舌片长圆形，先端钝或圆，筒状花伸出总苞，先端 5 齿裂，雄蕊花药长约 3mm，伸出花冠。瘦果略扁压，柱状，冠毛短于筒状花，白色。花期 7～8 月，果期 9 月。

【分布与生境】生于高山草甸、河谷水边、沼泽湿地、阴坡草地及林缘，昭苏县山区均有分布。

【药用部位】根及根茎。

【成分】含挥发油。

【功能主治】苦、辛，温。宣肺利气，化痰止咳，活血止痛。治风寒感冒，咳嗽痰多，肺痈咳吐脓血，慢性咳喘，跌打损伤，腰腿痛。

天山雪莲花

【药材名】雪莲

【来源】 为菊科（Compositae）植物天山雪莲 *Saussurea involucrata* Kar. et Kir.

【形态特征】 多年生草本，高 15～40cm。根状茎粗，茎部残存有棕褐色纤维状叶基。茎直立，中空，无毛。叶密集，革质，叶片长圆形或卵状长圆形，顶端钝或微尖，基部下延，边缘有锯齿，两面光滑，无柄。最上部有苞叶 13～17 个，两列，膜质，淡黄绿色，顶端渐尖，边缘有尖齿，常超出花序的 2 倍。头状花序 10～30 个在茎端密集成球状，无梗；总苞半球形，总苞片 3～4 列，披针形，急尖，边缘或全部黑色，被毛；花冠紫色。瘦果长圆形，具纵肋；冠毛灰白色，2 层，外层短，糙毛状，内层羽毛状。花期 7～8 月，果期 9 月。

【分布与生境】 生于海拔 2600～4000 米左右的高山冰碛砾质坡地及岩石缝中，昭苏县夏塔沟、阿克苏沟、阿合牙孜沟内有分布。

【药用部位】 全草。

【成分】 含生物碱、黄酮类、鞣质、糖类等。

【功能主治】 辛、微苦，热。祛风除湿，通经活血，暖宫散瘀。治月经不调，宫寒腹痛，风湿性关节炎，麻疹不透。

鼠麴雪兔子

【**药材名**】雪兔子

【**来源**】菊科（Compositae）植物鼠麴雪兔子 *Saussurea gnaphalodes*（Royle）Sch.–Bip.

【**形态特征**】多年生多次结实丛生草本，高 1～6cm。根状茎细长，通常有数个莲座状叶丛。茎直立，基部有褐色叶柄残迹。叶密集，长圆形或匙形，基部楔形渐狭成柄，顶端钝或圆形，边缘全缘或上部边缘有稀疏的浅钝齿；最上部叶苞叶状，宽卵形；全部叶质地稍厚，两面同色，灰白色，被稠密的灰白色或黄褐色绒毛。头状花序无小花梗，多数在茎端密集成直径为 2～3cm 的半球形的总花序。总苞长圆状，总苞片 3～4 层，外层长圆状卵形，顶端渐尖，外面被白色或褐色长绵毛，中内层椭圆形或披针形，上部或上部边缘紫红色，上部在外面被白色长柔毛，顶端渐尖或急尖。小花紫红色，长 9mm，细管部长 5mm，檐部长 4mm。瘦果倒圆锥状，褐色。冠毛鼠灰色，2 层，外层短，糙毛状，内层长，羽毛状。花果期 6～8 月。

【**分布与生境**】生于海拔 2600～4000 米左右的高山冰碛砾质坡地及岩石缝中，昭苏县夏塔沟、阿克苏沟、阿合牙孜沟内有分布。

【**药用部位**】全草。

【**功能主治**】治跌打损伤，风湿痹痛，腰腿痛。

牛 蒡

【药材名】牛蒡子

【来源】菊科（Compositae）植物牛蒡 *Arctium lappa* L.

【形态特征】二年生草本，具粗大的肉质直根。茎直立，高达2米，粗壮，带紫红或淡紫红色，有多数高起的条棱，分枝斜升，多数。基生叶宽卵形，边缘稀疏的浅波状凹齿或齿尖，基部心形，上面绿色，有稀疏的短糙毛及黄色小腺点，下面灰白色或淡绿色，被薄绒毛或绒毛稀疏，有黄色小腺点，叶柄灰白色，被稠密的蛛丝状绒毛及黄色小腺点。茎生叶与基生叶同形或近同形。头状花序多数或少数在茎枝顶端排成疏松的伞房花序或圆锥状伞房花序，花序梗粗壮。总苞卵形或卵球形，总苞片多层，多数，外层三角状或披针状钻形，中内层披针状或线状钻形；全部苞片近等长，顶端有软骨质钩刺。小花紫红色，外面无腺点。瘦果倒长卵形或偏斜倒长卵形，两侧压扁，浅褐色，有多数细脉纹，有深褐色的色斑或无色斑。冠毛多层，浅褐色。花果期6~9月。

【分布与生境】生于山野路旁、沟边、荒地、林边，昭苏县山区均有分布。

【药用部位】果实。

【成分】酚类、苷类、脂肪酸。

【功能主治】苦、辛、凉。疏散风热，清热解毒透疹，宣肺利咽散肿。治风热感冒，头痛，咽喉痛，痄腮，疹出不透。

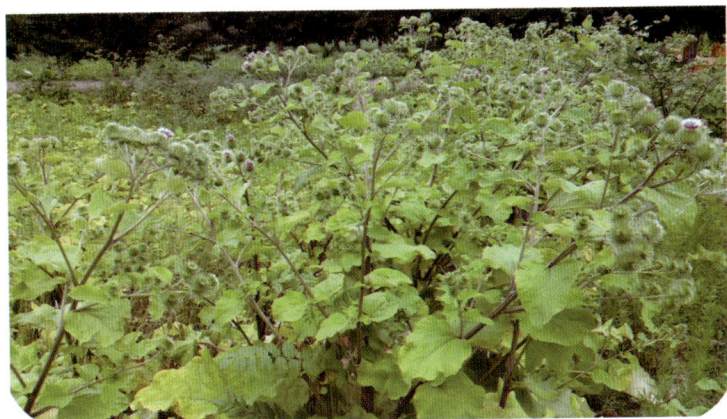

毛头牛蒡

【药材名】 牛蒡子

【来源】 菊科（Compositae）植物毛头牛蒡 *Arctium tomentosum* Mill.

【形态特征】 二年生草本，高达 2 米。根肉质，粗壮，肉红色。茎直立，绿色，带淡红色，多分枝，分枝粗壮。基生叶卵形，顶端急尖或钝，基部心形或宽心形，有长叶柄，边缘有稀疏的刺尖，上面绿色，被稀疏的乳突状毛及黄色小腺点，下面灰白色，被稠密的绒毛及黄色小腺点；中部与上部茎叶与基生叶同形，最上部茎叶卵形或卵状长椭圆形。头状花序多数，在茎枝顶端排成大型伞房花序或头状花序，少数排成总状或圆锥状伞房花序，花序梗粗壮。总苞卵形或卵球形。总苞片多层，多数，外层钻形或披针状或三角状钻形；中层线状钻形；中外层苞片顶端有倒钩刺；内层苞片披针形或线状披针形，无钩刺。全部或几全部苞片外面被膨松蛛丝毛。小花紫红色，花冠长 9～12mm，檐部外面有黄色小腺点，瘦果浅褐色，倒长卵形或偏斜倒长卵形，两侧压扁，有多数突起的细脉纹及深棕褐色的形状各异的色斑。冠毛多层，浅褐色。花果期 6～9 月。

【分布与生境】 生于山野路旁、沟边、荒地、林边，昭苏县山区均有分布。

【药用部位】 果实。

【成分】 酚类、苷类、脂肪酸等。

【功能主治】 苦、辛，凉。疏散风热，清热解毒透疹，宣肺利咽散肿。治风热感冒，头痛，咽喉痛，痄腮，疹出不透。

小 蓟

【药材名】小蓟

【来源】菊科（Compositae）植物刺儿菜 *Cirsium setosum*（Willd.）M. B.

【形态特征】多年生草本，高 25～50cm，具匍匐根茎。茎直立，有纵槽，幼茎被白色蛛丝状毛。叶互生，椭圆形或长椭圆状披针形，先端钝，边缘齿裂，有不等长的针刺，两面均被蛛丝状绵毛。头状花序顶生，雌雄异株；总苞钟状，总苞片 5～6 层，雄花序总苞长 1.8cm，雌花序总苞长约 2.3cm；花管状，淡紫色，雄花花冠长 1.7～2cm，雌花冠长约 2.6cm。瘦果椭圆形或长卵形，具纵棱，冠毛羽状。花期 6～7 月，果期 7～8 月。

【分布与生境】生于平原、丘陵、山地、荒地、耕地边，昭苏县境内均有分布。

【药用部位】全草。

【成分】芦丁、蒙花苷、原儿茶酸、咖啡酸及绿原酸等。

【功能主治】甘、苦、凉。凉血止血，祛瘀消肿。用于衄血，吐血，尿血，便血，崩漏下血，外伤出血，痈肿疮毒。

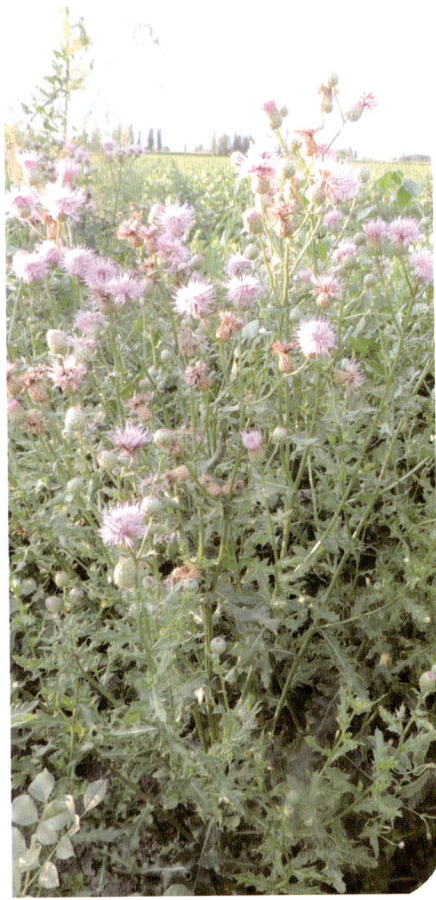

菊苣

【**药材名**】菊苣

【**来源**】菊科（Compositae）植物菊苣 *Cichorium intybus* L.

【**形态特征**】多年生草本，高40～100cm。茎直立，单生，全部茎枝绿色，有条棱。基生叶莲座状，倒披针状长椭圆形，羽状深裂或不分裂而边缘有稀疏的尖锯齿，茎生叶少数，较小，卵状倒披针形至披针形，无柄，基部圆形或戟形扩大半抱茎。全部叶质地薄，两面被稀疏的多细胞长节毛。头状花序多数，单生或数个集生于茎顶或枝端，或2～8个为一组沿花枝排列成穗状花序。总苞圆柱状，外层披针形，上半部绿色，草质，下半部淡黄白色，革质；内层总苞片线状披针形，舌状小花蓝色，有色斑。瘦果倒卵状、椭圆状或倒楔形，褐色，有棕黑色色斑。冠毛极短，膜片状。花果期5～9月。

【**分布与生境**】生于平原、丘陵、山地、荒地、耕地边，昭苏县境内均有分布。

【**药用部位**】全草。

【**成分**】糖类、有机酸类、生物碱类、三萜类等物质。

【**功能主治**】苦、咸，凉。清热解毒，利尿消肿，健胃。治湿热黄疸，肾炎水肿，胃脘胀痛，食欲不振。

药蒲公英

【药材名】蒲公英

【来源】菊科（Compositae）植物药蒲公英 *Taraxacum officinale* Wigg.

【形态特征】多年生草本。根颈部密被黑褐色残存叶基。叶狭倒卵形、长椭圆形，稀少倒披针形，大头羽状深裂或羽状浅裂，稀不裂而具波状齿，顶端裂片三角形或长三角形，全缘或具齿，先端急尖或圆钝，每侧裂片 4 ~ 7 片，裂片三角形至三角状线形，全缘或具牙齿，裂片先端急尖或渐尖，裂片间常有小齿或小裂片，叶基有时显红紫色，无毛或沿主脉被稀疏的蛛丝状短柔毛。花葶多数，长于叶，顶端被丰富的蛛丝状毛，基部常显红紫色；头状花序直径 25 ~ 40mm；总苞宽钟状，总苞片绿色，先端渐尖、无角，有时略呈胖胀状增厚；外层总苞片宽披针形至披针形，反卷，无或有极窄的膜质边缘，等宽或稍宽于内层总苞片；内层总苞片长为外层总苞片的 1.5 倍；舌状花亮黄色，花冠喉部及舌片下部的背面密生短柔毛，舌片长 7 ~ 8mm，宽 1 ~ 1.5mm，基部筒长 3 ~ 4mm，边缘花舌片背面有紫色条纹，柱头暗黄色。瘦果浅黄褐色，冠毛白色。花果期 5 ~ 9 月。

【分布与生境】生于山坡草地、路边、田野、河滩，昭苏县境内均有分布。

【药用部位】全草。

【成分】蒲公英醇、蒲公英素、胆碱、有机酸、菊糖等多种成分。

【功能主治】苦、甘，寒。清热解毒，利尿散结。治急性乳腺炎，淋巴腺炎，瘰疬，疔毒疮肿，急性结膜炎，感冒发热，急性扁桃体炎，急性支气管炎，胃炎，肝炎，胆囊炎，尿路感染。

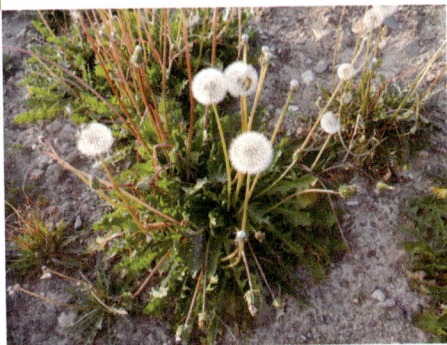

64 香蒲科

宽叶香蒲

【药材名】蒲黄

【来源】香蒲科（Typhaceae）植物宽叶香蒲 *Typha latifolia* L.

【形态特征】多年生水生或沼生草本。根状茎乳黄色，先端白色。地上茎粗壮，高1～2.5米。叶条形，叶片光滑无毛，上部扁平，背面中部以下逐渐隆起；下部横切面近新月形，细胞间隙较大，呈海绵状；叶鞘抱茎。雌雄花序紧密相接；花期时雄花序长3.5～12cm，比雌花序粗壮，花序轴具灰白色弯曲柔毛，叶状苞片1～3枚，上部短小，花后脱落；雌花序长5～22.6cm，花后发育；雄花通常由2枚雄蕊组成，花药长约3mm，长矩圆形，花粉粒正四合体，纹饰网状，花丝短于花药，基部合生成短柄；雌花无小苞片；孕性雌花柱头披针形，子房披针形，长约1mm，子房柄纤细，长约4mm；不孕雌花子房倒圆锥形，长0.6～1.2mm，宿存，子房柄较粗壮，不等长；白色丝状毛明显短于花柱。小坚果披针形，褐色，果皮通常无斑点。种子褐色，椭圆形。花果期5～8月。

【分布与生境】生于湖泊、池塘、沟渠、河流的缓流浅水带，昭苏县沿特克斯河的河滩湿地有分布。

【药用部位】全草。

【成分】氨基酸、维生素、无机盐、粗蛋白、粗纤维、碳水化合物、粗脂肪。

【功能主治】甘，平。凉血止血，活血消肿，通便利尿，具有明显的防病治病、滋补强壮的功效。

小香蒲

【药材名】蒲黄

【来源】香蒲科（Typhaceae）植物小香蒲 *Typha minima* Funk.

【形态特征】多年生沼生或水生草本。根状茎姜黄色或黄褐色，先端乳白色。地上茎直立，细弱，矮小，高 16～65cm。叶通常基生，鞘状，无叶片，如叶片存在，短于花葶，叶鞘边缘膜质，叶耳向上伸展。雌雄花序远离，雄花序长 3～8cm，花序轴无毛，基部具 1 枚叶状苞片，花后脱落；雌花序长 1.6～4.5cm，叶状苞片明显宽于叶片。雄花无被，雄蕊通常 1 枚单生，有时 2～3 枚合生，基部具短柄，向下渐宽，花药长 1.5mm，花粉粒成四合体，纹饰颗粒状；雌花具小苞片；孕性雌花柱头条形，子房纺锤形，子房柄纤细；不孕雌花子房倒圆锥形；白色丝状毛先端膨大呈圆形，着生于子房柄基部，或向上延伸，与不孕雌花及小苞片近等长，均短于柱头。小坚果椭圆形，纵裂，果皮膜质。种子黄褐色，椭圆形。花果期 5～8 月。

【分布与生境】生于湖泊、池塘、沟渠、河流的缓流浅水带，昭苏县沿特克斯河的河滩湿地有分布。

【药用部位】全草。

【成分】氨基酸、维生素、无机盐、粗蛋白、粗纤维、碳水化合物、粗脂肪。

【功能主治】甘，平。凉血、止血、活血、消肿、通便利尿，具有明显的防病治病、滋补强壮的功效。

65 黑三棱科

黑三棱

【药材名】荆三棱

【来源】黑三棱科（Sparganiaceae）植物黑三棱 *Sparganium stoloniferum* Buch – Ham.

【形态特征】多年生水生或沼生草本。块茎膨大，根状茎粗壮。茎直立，粗壮，高 0.7 ~ 1.2 米，挺水。叶片长 40 ~ 90cm，宽 0.7 ~ 16cm，具中脉，上部扁平，下部背面呈龙骨状凸起，或呈三棱形，基部鞘状。圆锥花序开展，具 3 ~ 7 个侧枝，每个侧枝上着生 7 ~ 11 个雄性头状花序和 1 ~ 2 个雌性头状花序，主轴顶端通常具 3 ~ 5 个雄性头状花序，或更多，无雌性头状花序；花期雄性头状花序呈球形，雄花花被片匙形，膜质，先端浅裂，早落，花丝长约 3mm，丝状，弯曲，褐色，花药近倒圆锥形；雌花花被长 5 ~ 7mm，宽 1 ~ 1.5mm，着生于子房基部，宿存，柱头分叉或否，向上渐尖，花柱长约 1.5mm，子房无柄。果实倒圆锥形，上部通常膨大呈冠状，具棱，褐色。花果期 5 ~ 9 月。

【分布与生境】生于湖泊、河沟、沼泽、水塘边浅水处，昭苏县沿特克斯河的河滩湿地有分布。

【药用部位】块茎。

【成分】白桦脂醇、甘露醇。

【功能主治】辛、苦，平。破瘀消积，行气止痛，通经下乳。治癥瘕痞块，痛经，瘀血经闭，胸痹心痛，食积胀痛。

66　眼子菜科

浮叶眼子菜

【药材名】水案板

【来源】眼子菜科（Potamogetonaceae）植物浮叶眼子菜 *Potamogeton natans* L.

【形态特征】多年生水生草本植物。根茎发达，白色，分枝，茎圆柱形，多分枝，节处生有须根。通常不分枝或极少分枝。浮水叶革质，卵形至矩圆状卵形，有时为卵状椭圆形，先端圆形或具钝尖头，基部心形至圆形，稀渐狭，具长柄；叶脉23～35条，于叶端连接，其中7～10条显著；沉水叶质厚，叶柄状，呈半圆柱状的线形，先端较钝，具不明显的3～5脉；常早落；托叶近无色，鞘状抱茎，多脉，常呈纤维状宿存。穗状花序顶生，长3～5cm，具花多轮，开花时伸出水面；花序梗稍有膨大，粗于茎或有时与茎等粗，开花时通常直立，花后弯曲而使穗沉没水中。花小，被片4，绿色，肾形至近圆形，径约2mm；雌蕊4枚，离生。果实倒卵形，外果皮常为灰黄色；背部钝圆，或具不明显的中脊。花果期6～9月。

【分布与生境】生于池塘、水田和水沟等静水中，昭苏县沿特克斯河的河滩湿地有分布。

【药用部位】全草。

【功能主治】甘、微苦，凉。解热，利水，止血，补虚，健脾。用于目赤红肿，牙痛，水肿，痔疮，蛔虫病，干血痨，小儿疳积。

67　泽泻科

东方泽泻

【药材名】泽泻

【来源】泽泻科（Alismataceae）植物东方泽泻 *Alisma orietale*（Sam.）Juz.

【形态特征】多年生水生或沼生草本，块茎直径 1～2cm，或较大。叶多数；挺水叶宽披针形、椭圆形，长 3.5～11.5cm，宽 1.3～6.8cm，先端渐尖，基部近圆形或浅心形，叶脉5～7条，叶柄较粗壮，基部渐宽，边缘窄膜质。花葶高 35～90cm，或更高。花序长 20～70cm，具 3～9 轮分枝，每轮分枝 3～9 枚；花两性，直径约 6mm；花梗不等长，外轮花被片卵形，边缘窄膜质，具 5～7 脉，内轮花被片近圆形，比外轮大，白色、淡红色，稀黄绿色，边缘波状；心皮排列不整齐，花柱长约 0.5mm，直立，柱头长约为花柱 1/5；花丝长 1～1.2mm，基部宽约 0.3mm，向上渐窄，花药黄绿色或黄色，花托在果期呈凹凸。瘦果椭圆形，背部具 1～2 条浅沟，腹部白果喙处凸起，呈膜质翅，两侧果皮纸质，半透明，果喙自腹侧中上部伸出。种子紫红色。

【分布与生境】生于湖边、水塘、沼泽、沟边及湿地，昭苏县沿特克斯河的河滩湿地有分布。

【药用部位】块茎。

【成分】三萜类化合物、挥发油、生物碱、天冬素、植物甾醇、脂肪酸、氨基酸。

【功能主治】甘，寒。利水，渗湿，泄热。治小便不利，水肿胀满，呕吐，泻痢，痰饮，脚气，淋病，尿血。

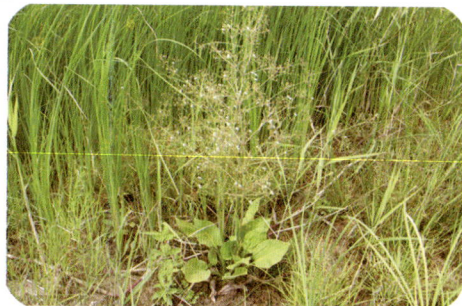

68　浮萍科

浮　萍

【药材名】浮萍

【来源】浮萍科（Lemnaceae）植物浮萍 *Lemna minor* L.

【形态特征】飘浮植物。叶状体对称，表面绿色，背面浅黄色或绿白色或常为紫色，近圆形，倒卵形或倒卵状椭圆形，全缘，长 1.5～5mm，宽 2～3mm，上面稍凸起或沿中线隆起，脉 3，不明显，背面垂生丝状根 1 条，根白色，长 3～4cm，根冠钝头，根鞘无翅。叶状体背面一侧具囊，新叶状体于囊内形成浮出，以极短的细柄与母体相连，随后脱落。雌花具弯生胚珠 1 枚，果实无翅，近陀螺状，种子具凸出的胚乳并具 12～15 条纵肋。

【分布与生境】生长于池塘、湖泊内，昭苏县沿特克斯河的河滩湿地有分布。

【药用部位】全草。

【成分】含红草素、牡荆素等黄酮类化合物及胡萝卜素、叶黄素。

【功能主治】辛，寒。清热解毒，发汗解表，透疹止痒，利尿消肿。治斑疹不透，风热痒疹，皮肤瘙痒，水肿，经闭，疮癣，丹毒，烫伤。

69 百合科

阿尔泰独尾草

【药材名】独尾草

【来源】百合科（Liliaceae）植物阿尔泰独尾草 *Eremurus altaicus*（Pall.）Stev.

【形态特征】多年生草本，植株高 60~120cm。茎无毛或有疏短毛。叶宽 1~4 cm。苞片长 15~20mm，先端有长芒，背面有 1 条褐色中脉，边缘有或多或少长柔毛；花梗长 13~15mm，上端有关节；花被窄钟形，淡黄色或黄色；花被片下部有 3 脉，到中部合成 1 脉，花萎谢时花被片顶端内卷，到果期又从基部向后反折；花丝比花被长，明显外露。蒴果平滑，通常带绿褐色。种子三棱形，两端有不等宽的窄翅。花期 5~6 月，果期 7~8 月。

【分布与生境】生于山地草原、砾石山坡、阳坡谷地，昭苏县山区均有分布。

【药用部位】根。

【成分】大黄酚甲醚、胡萝卜苷、β-谷甾醇。

【功能主治】祛风除湿，补肾强身。

伊犁郁金香

【药材名】 光慈菇

【来源】 百合科（Liliaceae）植物伊犁郁金香 *Tulipa iliensis* Rgl.

【形态特征】 具鳞茎的多年生草本，通常高 10～30cm。鳞茎直径 1～2cm；鳞茎皮黑褐色，薄革质，内面上部和基部有伏毛。茎上部通常有密柔毛或疏毛，极少无毛。叶 3～4枚，条形或条状披针形，通常宽 0.5～1.5cm，彼此疏离或紧靠而似轮生，伸展或反曲，边缘平展或呈波状。花常单朵顶生，黄色；花被片长 25～35mm，宽 4～20mm；外花被片背面有绿紫红色、紫绿色或黄绿色色彩，内花被片黄色；当花凋谢时，颜色通常变深，甚至外三片变成暗红色，内三片变成淡红或淡红黄色；6 枚雄蕊等长，花丝无毛，中部稍扩大，向两端逐渐变窄；几无花柱。蒴果卵圆形，种子扁平，近三角形。花期 4～5 月，果期 5 月。

【分布与生境】 生长于山前平原和低山坡地。昭苏县境内均有分布。

【药用部位】 鳞茎。

【成分】 含秋水仙碱等生物碱。

【功能主治】 甘，寒。清热解毒，散结，化瘀。治咽喉肿痛，瘰疬，疮肿，产后瘀滞。

垂蕾郁金香

【药材名】光慈菇

【来源】百合科（Liliaceae）植物垂蕾郁金香 *Tulipa patens* Agardh. ex Schult.

【形态特征】多年生草本，高 10～25cm。鳞茎直径常 1.5cm 左右，鳞茎皮薄，纸质，内面上部多少有毛，基部无毛或有毛，顶端通常沿茎上延。茎无毛。叶 2～3 枚，稀疏排列，线状披针形或披针形，下部叶宽 1～2cm；上部叶窄 0.4～1.0cm。花单朵顶生，在花蕾期或凋萎时下垂；花被片白色至淡黄色，3 瓣外轮花被片紫绿色或淡绿色，3 瓣内轮花被片比外花被片宽，基部变窄呈柄状，具毛，背部中央有紫绿色或淡绿色纵条纹；雄蕊 3 长 3 短，花丝基部扩大，具毛；雌蕊比雄蕊短，花柱长 1～2mm。蒴果矩圆形。花果期 4～5 月。

【分布与生境】生于海拔 1400～2000 米的阴坡或灌丛下，昭苏县境内均有分布。

【药用部位】鳞茎。

【成分】含秋水仙碱等生物碱。

【功能主治】甘，寒。清热解毒，散结化瘀。治咽喉肿痛，瘰疬，疮肿，产后瘀滞。

伊犁贝母

【药材名】伊贝母

【来源】为百合科（Liliaceae）植物伊犁贝母 *Fritillaria pallidiflora* Schrenk.

【形态特征】多年生草本，高 20～50cm。鳞茎扁平，由 2 枚广圆形或近圆形的鳞瓣组成，外被淡褐色膜质鳞片。茎直立，粗壮，光滑，具细沟纹。叶互生，下部叶广椭圆形，基部半抱茎，顶端渐尖，向外弯曲；中部叶近于对生，宽披针形或长椭圆形，基部半抱茎，顶端渐尖；苞叶 2 个，披针形。花单一或数朵顶生，钟状，黄色或淡黄色，开花后下垂；花被 2 层，外花被片长圆状倒卵形，脉纹淡黄绿色或暗褐色，里面基部具淡棕色方格和红褐色斑点，顶端钝圆，基部具蜜腺，从蜜腺窝处弯曲呈直角；内花被短于外花被，卵形或匙形，近基部收缩，弯曲呈直角；雄蕊 6 个，短于花被，花药长圆形，黄色，化柱长于雄蕊，顶端 3 裂。蒴果长圆形，具 6 宽翅；种子多数，广三角形，褐色。花期 4～5 月，果期 6 月。

【分布与生境】生于山地草原及草甸中、灌木丛下及云杉林间空地，昭苏县各山区均有分布。阿克达拉镇、喀拉苏乡、喀夏加尔镇均有人工栽培。

【药用部位】鳞茎。

【成分】含生物碱。

【功能主治】苦、甘、微寒。清热润肺，止咳化痰，解毒。治支气管炎，肺结核，胃、十二指肠溃疡，咳喘，痰喘，黄疸，痈肿，疮毒。

新疆贝母

【**药材名**】伊贝母

【**来源**】为百合科（Liliaceae）植物新疆贝母 *Fritillaria walujewii* Rgl.

【**形态特征**】多年生草本，高 25～50cm。鳞茎由 2 枚三角状的鳞瓣组成，外被淡褐色膜质片。茎直立，基部具紫色斑点。下部叶对生，披针形，顶端尖，不卷曲，基部渐收缩，全缘、光滑；中部叶 3～4 枚轮生，披针形，长 8～12cm，宽 0.4～2cm，顶端钩状或卷曲；上部叶及苞叶顶端螺旋状卷曲。花单一或 2～3 个顶生，下垂，钟状，长约 4cm，外面淡粉红色，里面为紫红色，具淡白色星点及淡绿褐色方格网纹，开花后下垂；花被 2 层，外花被片长椭圆形，长 4.5cm，宽 1.4cm，顶端钝，基部具蜜腺，从蜜腺窝处弯曲呈直角；内花被长卵圆形，长 4.5cm，宽 1.2cm；雄蕊 6 个，短于花被，基部稍膨大，花药长圆形，花柱长于或等于雄蕊，柱头 3 裂。蒴果长柱形，6 棱，具翅，顶端微凹；种子多数，广三角形，褐色。花期 5 月，果期 6 月。

【**分布与生境**】生于山地草原及草甸中、灌木丛下及云杉林间空地，昭苏县各山区均有分布。

【**药用部位**】鳞茎。

【**成分**】含生物碱。

【**功能主治**】苦、甘，微寒。清热润肺，止咳化痰，解毒。治支气管炎，肺结核，胃、十二指肠溃疡，咳喘，痰喘，黄疸，痈肿，疮毒。

宽苞韭

【药材名】野葱

【来源】百合科（Liliaceae）植物宽苞韭 *Allium platyspathum* Schrenk.

【形态特征】多年生草本，鳞茎单生或数枚聚生，卵状圆柱形，鳞茎外皮黑色至黑褐色，干膜质或纸质，不破裂。叶宽条形，扁平，钝头，比花葶短或略长，宽 3～10mm。花葶圆柱状，高 10～60cm，总苞 2 裂，与花序近等长，初时紫色，后变无色；伞形花序球状或半球状，具多而密集的花；小花梗近等长，基部无小苞片；花紫红色至淡红色，有光泽；花被片披针形至条状披针形，外轮的稍短；花丝等长，锥形，子房近球状，花柱伸出花被外。花果期 6～8 月。

【分布与生境】生长于阴湿山坡、草地及林下，昭苏县山区均有分布。

【药用部位】全草。

【成分】蛋白质、维生素、微量元素等成分。

【功能主治】辛，温。凉血止血，活血消肿，通便利尿的功效，具有明显的防病治病、滋补强壮的功效。

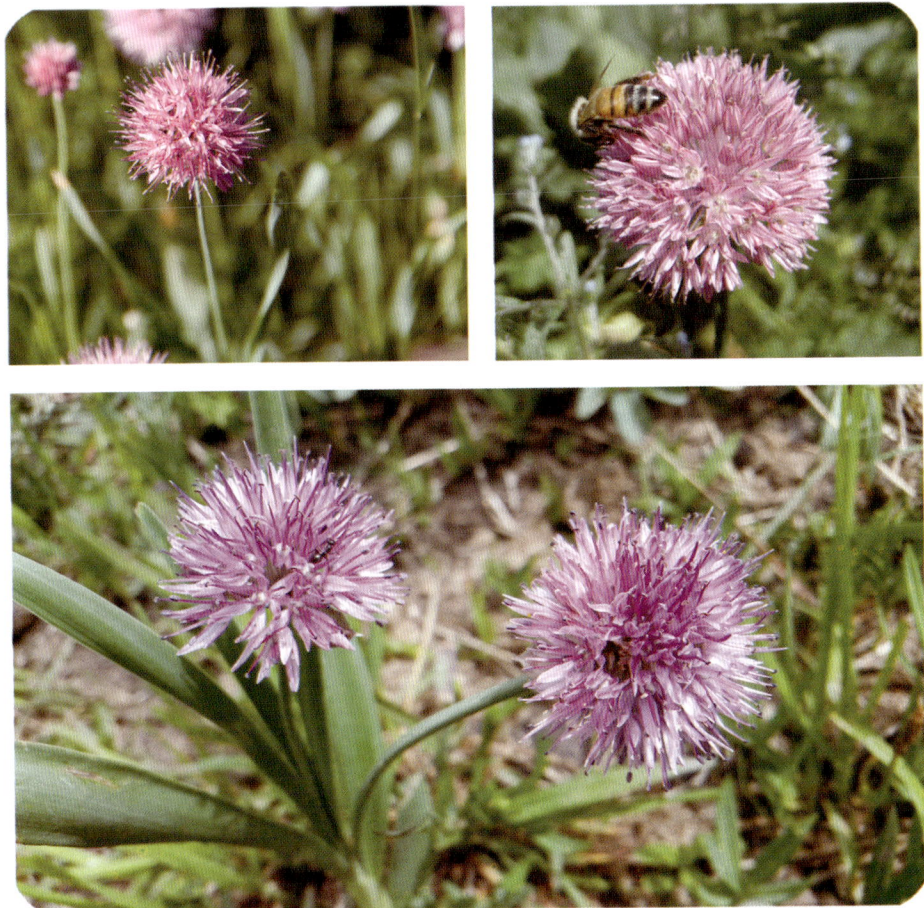

新疆黄精

【药材名】新疆黄精

【来源】为百合科（Liliaceae）植物新疆黄精 *Polygonatum roseum*（Ldb.）Kunth.

【形态特征】多年生草本。根状茎细柱形，匍匐横生，其节间乳白色或淡黄色。茎高 20~50cm，光滑无毛。叶轮生 3~4 枚，长 5~10cm，宽 1~1.5cm，两面光滑无毛。花 1~2 朵，着生在叶腋；苞片极小；花冠钟状，长 1~1.5cm，顶端 6 裂，裂片长 1.5~2mm，紫色 或淡紫色；雄蕊 6 枚，花丝极短，着生在花被管内；花柱长，柱头 3 裂。浆果近圆形，红 色；种子 2~7 粒，淡黄色。花期 6~7 月，果期 8~9 月。

【分布与生境】生于山坡阴处、山地草甸及云杉林下，昭苏县各山区均有分布。

【药用部位】根茎。

【成分】含甾体皂苷、生物碱、黏液质、烟酸。

【功能主治】甘，平。养阴润肺，生津益胃。治贫血，心脏病，肺结核低热，糖尿病，高血压，神经衰弱。

70　鸢尾科

白番红花

【药材名】土马钱子

【来源】鸢尾科（Iridaceae）植物白番红花 *Crocus alatavicus* Rgl. et Sem.

【形态特征】多年生草本。球茎扁圆形，直径 1.2～2cm，外有浅黄色或黄褐色的膜质包被；根细弱，黄白色。植株基部包有数片黄白色的膜质鞘状叶。叶 6～8 枚，条形，边缘内卷，表面绿色，背面浅绿色，花期叶长 8～10cm，宽约 2mm，果期叶可长达 20cm，宽约 5mm。花茎甚短，不伸出地面；花白色，直径约 2.5cm；花被管细长，丝状，长 2.5～6cm，花被裂片 6，2 轮排列，狭倒卵形，内、外花被外侧的中脉上均有蓝色的纵条纹，外花被裂片长约 2.5cm，宽 6～8mm，内花被裂片较外花被裂片略狭窄；雄蕊长约 2.5cm，花药橘黄色，条形，直立；花柱丝状，长约 2.5cm，顶端 3 分枝，柱头略膨大，子房狭纺锤形，长约 7mm。蒴果椭圆形，无喙，黄绿色，表面光滑，果皮薄而软；种子为不规则的多面体，浅棕色，表面皱缩，一端有乳白色的附属物。花期 3～4 月，果期 5～6 月。

【分布与生境】生于海拔 2000～3000 米处的山坡及河滩草地，昭苏县山区均有分布。

【药用部位】鳞茎。

【成分】氨基酸、生物碱、黄酮、香豆素、胡萝卜素、玉米黄质。

【功能主治】辛，温；有毒。通络消肿，止痛。治跌打损伤，肿痛，风寒湿痹，咳嗽，拘挛麻木。

喜盐鸢尾

【药材名】马蔺

【来源】鸢尾科（Iridaceae）植物喜盐鸢尾 *Iris halophila* Pall.

【形态特征】多年生草本植物。根状茎紫褐色，粗壮而肥厚，斜伸，有环形纹，表面残存有老叶叶鞘；须根粗壮，黄棕色，有皱缩的横纹。叶剑形，灰绿色略弯曲，有10多条纵脉，无明显的中脉。花茎粗壮，比叶短，上部有1~4个侧枝，中下部有1~2枚茎生叶；在花茎分枝处生有3枚苞片，草质，绿色，边缘膜质，白色，内包含有2朵花；花黄色，花梗长1.5~3cm；花被管长约1cm，外花被裂片提琴形，内花被裂片倒披针形，雄蕊长约3cm，花药黄色；花柱分枝扁平，片状，呈拱形弯曲，子房狭纺锤形，上部细长。蒴果椭圆状柱形，绿褐色或紫褐色，具6条翅状的棱，每2个棱成对靠近，顶端有长喙，成熟时室背开裂；种子近梨形，黄棕色，种皮膜质，薄纸状，皱缩，有光泽。花期5~6月，果期7~8月。

【分布与生境】生于草原草甸、潮湿的盐碱地，昭苏县山区均有分布。

【药用部位】根茎。

【成分】黄酮、三萜类、苯醌类成分。

【功能主治】微苦，凉。清热解毒，利尿止血。治急性咽炎，月经过多，吐血，急性黄疸型传染性肝炎，小便不通，痈肿疮疖，痔疮，子宫癌等。

中亚鸢尾

【药材名】 马蔺子

【来源】 鸢尾科（Iridaceae）植物中亚鸢尾 *Iris bloudowii* Ldb.

【形态特征】 多年生草本植物，植株基部围有棕褐色的老叶残留纤维及膜质的鞘状叶。根状茎粗壮肥厚，膨大成结节状，棕褐色；根黄白色。叶灰绿色，剑形或条形，不弯曲或略弯曲，顶端短渐尖或骤尖，基部鞘状，互相套迭，有 5~6 条纵脉，无明显的中脉。花茎高 8~10cm，不分枝；苞片 3 枚，膜质，带红紫色，倒卵形，顶端钝，中间 1 片略短而狭，内包含有 2 朵花；花梗长 0.6~1cm；花鲜黄色，花被管漏斗形，外花被裂片倒卵形，上部反折，爪部狭楔形，中脉上生有须毛状的附属物，内花被裂片倒披针形，直立；雄蕊长 1.8~2.2cm；花柱分枝扁平，鲜黄色，顶端裂片三角形，子房绿色，纺锤形。蒴果卵圆形，6 条肋明显，肋间有不规则的网状脉纹，顶端无明显的喙，室背开裂；种子椭圆形，深褐色，一端带有白色的附属物。花期 5 月，果期 6~8 月。

【分布与生境】 生于向阳山坡草甸及林缘草地，昭苏县山区均有分布。

【药用部位】 根茎。

【成分】 黄酮、三萜类、苯醌类成分。

【功能主治】 微苦，凉。清热解毒，利尿止血。治急性咽炎，月经过多，吐血，急性黄疸型传染性肝炎，小便不通，痈肿疮疖，痔疮，子宫癌等。

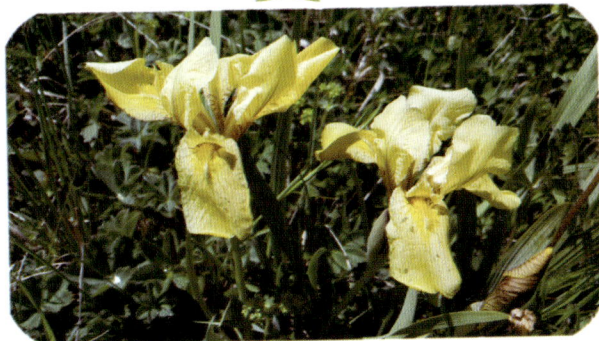

膜苞鸢尾

【药材名】 马蔺子

【来源】 鸢尾科（Iridaceae）植物膜苞鸢尾 *Iris scariosa* Willd.

【形态特征】 多年生草本，植株基部围有稀疏的毛发状的老叶残留纤维。根状茎粗壮、肥厚，棕黄色；须根黄白色，分枝少。叶灰绿色，剑形或镰刀形弯曲。花茎长约 10cm，无茎生叶；苞片 3 枚，膜质，边缘红紫色，长卵形至宽披针形，顶端短渐尖，内包含有 2 朵花；花蓝紫色，花梗甚短，花被管长约 1.5cm，上部扩大成喇叭形，外花被裂片倒卵形，爪部狭楔形，中脉上生有黄色须毛状的附属物，内花被裂片倒披针形，直立。雄蕊长约 1.8cm，花柱分枝淡紫色，顶端裂片狭三角形，子房纺锤形，蒴果纺锤形或卵圆状柱形，顶端无明显的喙，但略膨大成环状，6 条肋明显、突出，成熟时室背开裂。花期 4~5 月，果期 6~7 月。

【分布与生境】 生于高山向阳草地，昭苏县山区均有分布。

【药用部位】 根茎。

【成分】 黄酮、三萜类、苯醌类成分。

【功能主治】 微苦，凉。清热解毒，利尿止血。治急性咽炎，月经过多，吐血，急性黄疸型传染性肝炎，小便不通，痈肿疮疖，痔疮，子宫癌等。

71 兰 科

珊瑚兰

【药材名】珊瑚兰

【来源】兰科（Orchidaccae）植物珊瑚兰 *Corallorhiza trifida* Chat.

【形态特征】腐生小草本，高 10～22cm；根状茎肉质，多分枝，珊瑚状。茎直立，圆柱形，红褐色，无绿叶，被 3～4 枚鞘；鞘圆筒状，抱茎，膜质，红褐色，长 1～6cm。总状花序长 1～3（～5）cm，具 3～7 朵花；花苞片很小，通常近长圆形，长约 1mm；花梗和子房长 3.5～5mm；花淡黄色或白色；中萼片狭长圆形或狭椭圆形，长 4～6mm，宽 1.2～1.5mm，先端钝或急尖，具 1 脉；侧萼片与中萼片相似，略斜歪，基部合生而成的萼囊很浅或不甚显著。花瓣近长圆形，常较萼片略短而宽，多少与中萼片靠合成盔状；唇瓣近长圆形或宽长圆形，长 2.5～3.5mm，3 裂；侧裂片较小，直立；中裂片近椭圆形或长圆形，长 1～1.5mm，宽约 0.8 毫米，先端浑圆并在中央常微凹；唇盘上有 2 条肥厚的纵褶片从下部延伸到中裂片基部；蕊柱较短，长 2.5～3mm，两侧具翅。蒴果下垂，椭圆形，长 7～9mm，宽约 5mm。花果期 6～8 月。

【分布与生境】生于海拔 2000～2700 米林下或灌丛中，昭苏县阿合牙孜沟有分布。

【药用部位】全草。

【成分】天麻素。

【功能主治】祛风除湿，润肺止咳，利尿通淋，消肿，止血开窍。用于风湿骨痛，头痛，眩晕，四肢麻木，肺痨咳嗽，血崩，红痢，肾炎等。

小花火烧兰

【药材名】 野竹兰

【来源】 兰科（Orchidaceae）植物小花火烧兰 *Epipactis helleborine*（L.）Crantz.

【形态特征】 植株高 30～50cm，根状茎短，细长根多条。茎直立，细圆柱状，具纵条纹，下部有数枚叶鞘，中、上部具短柔毛。叶 2～4 枚，互生，开展，卵形、椭圆形、卵状披针形，先端渐尖、急尖，基部抱茎，弧形脉多条，叶脉及叶缘具柔毛。总状花序长 10～15cm，花数朵，花序轴被短柔毛，苞片被针形，先端渐尖，下部长于花，上部短于花，花下垂；中萼片卵状披针形，舟状，先端短尖或渐尖，无毛；侧萼开展，稍斜偏，长近等于中萼；花瓣卵形，先端渐尖，稍短于萼片，无毛，中脉明显；唇瓣长约 7mm，下唇凹陷成杯状，半球状，内面具 3 脉，无毛，上唇菱状三角形，先端渐尖，基部有 2 枚突起胼胝体；蕊柱长 2～3mm，粗厚；花药长 2mm，子房狭椭圆形，密被短绒毛；花梗扭曲。花果期 6～8 月。

【分布与生境】 生于山坡林下、草地、河滩沼泽地，昭苏县山区均有分布。

【药用部位】 根。

【成分】 血凝素、甘露糖。

【功能主治】 苦，寒。清肝肺热，止咳化痰。治肺热咳嗽浓痰，咽喉肿痛，声哑，牙痛，眼痛。

小斑叶兰

【药材名】斑叶兰

【来源】兰科（Orchidaccae）植物小斑叶兰 *Goodyera repens*（L.）R. Br.

【形态特征】植株高 8～30cm，根状茎匍匐，纤细多分枝，节上生根。茎直立，被白色腺毛，具鳞形鞘状叶 3～5 枚及多枚基生叶，叶卵状椭圆形，先端渐尖或钝，叶片数条具弧曲状脉及黄白色网状斑纹，全缘，叶基狭窄呈鞘状。花序总状或穗状，长 4～8cm，花序轴具腺毛；苞片披针形，等于或短于花，先端长渐尖；花小，白色、粉红色或淡绿色；萼片外面被腺毛；中萼卵状椭圆形，先端钝，与花瓣靠合为盔状，侧萼斜披针形或椭圆形，先端钝，长于中萼，花瓣倒披针形；唇瓣舟状，无爪，基部凹陷呈囊状，内面被疏毛，先端弯曲呈喙状；蕊柱长不过 2mm，与唇瓣分离；花药较小；蕊喙直立，2 裂，裂片叉状；柱头较大，位于蕊喙中间，子房扭曲，被疏腺毛，近无柄。蒴果倒卵形。花果期 6～8 月。

【分布与生境】生于山坡针叶林下及阴湿山地，昭苏县山区均有分布。

【药用部位】全草。

【成分】丁香醛、别欧前胡素、香草酸、阿魏酸。

【功能主治】甘、辛，温。清热解毒，活血止痛，消炎散结。治气管炎，肺结核咳嗽，骨节疼痛，跌打损伤。捣烂外敷治毒蛇咬伤，痈肿疔疮。

凹舌兰

【**药材名**】凹舌兰

【**来源**】兰科（Orchidaccae）植物凹舌兰 *Coeloglossum viride* （L.） Hartm.

【**形态特征**】植株高 14～45cm。块茎肉质，前部呈掌状分裂。茎直立，基部具 2～3 枚筒状鞘，鞘之上具叶，叶之上常具 1 至数枚苞片状小叶。叶常 3～4 枚，叶片狭倒卵状长圆形、椭圆形或椭圆状披针形，直立伸展，长 5～12cm，宽 1.5～5cm，先端钝或急尖，基部收狭成抱茎的鞘。总状花序具多数花，长 3～15cm；花苞片线形或狭披针形，直立伸展，常明显较花长；子房纺锤形，扭转，连花梗长约 1cm；花绿黄色或绿棕色，直立伸展；萼片基部常稍合生，几等长，中萼片直立，凹陷呈舟状，卵状椭圆形，长 6～8mm，先端钝，具 3 脉；侧萼片偏斜，卵状椭圆形，较中萼片稍长，先端钝，具 4～5 脉。花瓣直立，线状披针形，较中萼片稍短，宽约 1mm，具 1 脉，与中萼片靠合呈兜状；唇瓣下垂，肉质，倒披针形，较萼片长，基部具囊状距，上面在近部的中央有 1 条短的纵褶片，前部 3 裂，侧裂片较中裂片长，长 1.5～2mm，中裂片小，长不及 1mm；距卵球形，长 2～4mm。蒴果直立，椭圆形，无毛。花期 6～8 月，果期 9～10 月。

【**分布与生境**】生于海拔 1200～3300 米的山坡林下、灌丛或山谷林缘湿地，昭苏县阿合牙孜沟有分布。

【**药用部位**】块根。

【**成分**】天麻苷和槲皮素。

【**功能主治**】甘，平。强心，补肾，生津。治神经衰弱，咳嗽，腹泻，阳痿，白带，跌打损伤，肿痛。

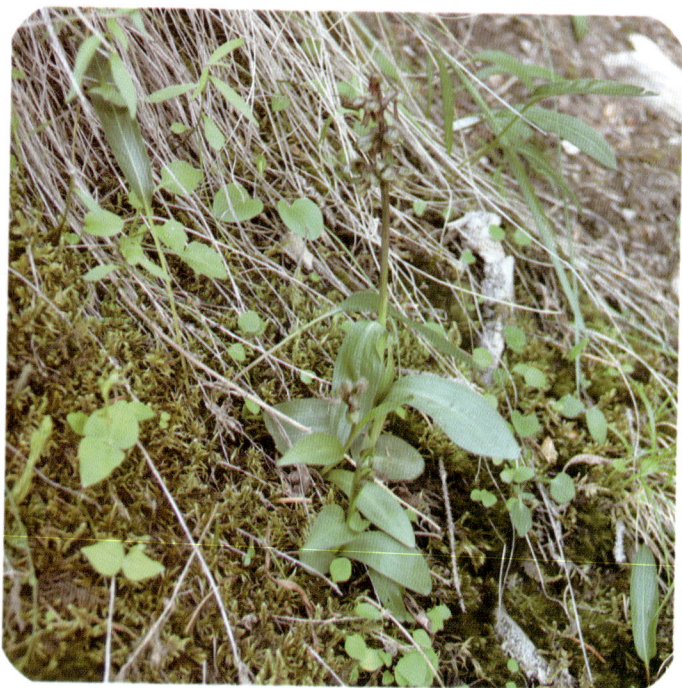

宽叶红门兰

【药材名】红门兰

【来源】兰科（Orchidaccae）植物宽叶红门兰 *Orchis latifolia* L.

【形态特征】植株高 12～40cm。块茎 3～5 裂呈掌状，肉质。茎直立，粗壮，基部具 2～3枚筒状鞘，鞘之上具叶。叶 4～6 枚，互生，叶片长圆形、长圆状椭圆形、披针形至线状披针形，上面无紫色斑点，先端钝、渐尖或长渐尖，基部收狭成抱茎的鞘，最上部的叶变小呈苞片状。花序具几朵至多朵密生的花，圆柱状，花苞片直立伸展，披针形；子房圆柱状纺锤形，扭转，无毛；花紫红色或玫瑰红色，中萼片卵状长圆形，直立，凹陷呈舟状，先端钝，具 3 脉，与花瓣靠合呈兜状；侧萼片张开，偏斜，卵状披针形或卵状长圆形，具 3～5脉；花瓣直立，卵状披针形，先端钝，具 2～3 脉；唇瓣向前伸展，卵圆形、宽菱状横椭圆形或近圆形，基部具距，先端钝，边缘略具细圆齿，上面具细的乳头状突起，在基部至中部之上具 1 个由蓝紫色线纹构成的似匙形的斑纹，斑纹内淡紫色或带白色，其外的色较深，为蓝紫红色；距圆筒形、圆筒状锥形至狭圆锥形，下垂，略微向前弯曲，末端钝，较子房短或与子房近等长。花期 6～8 月。

【分布与生境】生于山坡、沟边灌丛下或草地中，昭苏县山区均有分布。

【药用部位】全草、块茎。

【成分】糖类，蛋白质，脂肪。

【功能主治】甘，平。强心，补肾，生津，止渴，健脾胃。用于烦躁口渴，不思饮食，月经不调，虚劳贫血，头晕。块茎：补血益气，生津，止血。用于久病体虚，虚劳消瘦，乳少，慢性肝炎，肺虚咳嗽，失血，久泻，阳痿。

中文名汉语拼音索引

学名索引